토목시공기술사

시사성(용어+공법) 문제 해설

약자암기법

예문사

토목시공기술사 + 초심자 주의할 점

1. 현장 경험이 부족하신 분의 경우

    (1) 특히 강사선택이 대단히 중요

    (2) 학원 강사선택 방법
    - 정통 토목공학전공자인지 확인한다.
    - 현장실무경험이 있는 강사인지 확인한다.

2. 강사 선택이 중요한 이유

    (1) 기술사 강의는 누구나 할 수 있는 게 아니다.
    (2) 강사가 멀래래한 경우 틀린 내용을 말해도 초심자는 알 수 없다는 게 문제이다.
    (3) 현장 경험 없는 강사가 공법+공법용어문제를 제대로 강의한다는 게 거의 불가능하다.

3. 2차 면접에서 1차 합격자의 50~60%는 6회 계속 낙방함

    (1) 6회 계속 낙방 이유
    - 암기위주로 공부한다.
    - 1차 공부할 때 날라리로 공부한다.
    - 엄청나게 → 까다롭게 질문한다.

    (2) 1차에서 많이 선발하고 2차에서 소양없는 사람 찾아서 낙방시킨다.

4. 강사선택+학원선택 한번 잘못하면 거의 5~10년 고생+대부분 포기한다.

【최강은+하나다】

류재복교수 유튜브 강의
▶ YouTube 류재복 TV ▼

류재복교수 네이버 카페
NAVER 류재복의 토목시공기술사 ▼

토목시공기술사 시사성(용어+공법) 문제 해설
약자암기법

1. **토목시공기술사 1교시 시사성 용어 / 2+3+4교시 시사성 공법 문제해설 관련 약자 암기법**

   [활용방법]
   ① 빠른 속도로 암기
   ② 암기한 것 계속 유지 가능

2. **약자암기법 발간 목적**

   첫째 : 전관(Total View) 해결
   둘째 : 약어로 암기
   셋째 : 쓰기속도 해결(약자암기 목적)
   넷째 : 응용문제 해결

[주] 본서가 **조기합격**에 대단한 역할을 할 것으로 기대합니다.

2024년 10월
편저자 류 재 복

류재복교수 유튜브 강의 ▶YouTube 류재복 TV ▼

류재복교수 네이버 카페 NAVER 류재복의 토목시공기술사 ▼

기술사 최강
류 재 복 교수
예상문제 + 열강

유튜브 강의

합격을
보장합니다
쎄게 + 도전 + 합시다 !

류재복 교수
You-Tube 강의 탑재과목

1. 토목시공기술사 : 961강

2. 토목품질기술사 : 837강

3. 건설안전기술사 : 752강

4. 토질 및 기초기술사 : 416강

　총 2,966강 유튜브에 탑재

[참고]
1. 교재준비하면 시험준비에 필요한 모든 문제를 해결할 수 있습니다.(완벽한 판서 강의)
2. 동영상 모든 강의에 대하여 교재의 해당 [쪽수]가 명시되어 있습니다.

건설기술자의 현장배치기준

공사예정금액의 규모	건설기술자의 배치기준
700억 원 이상	1. **기술사**
500억 원 이상	1. **기술사** 또는 기능장 2. 특급기술자로서 동종현장에 시공관리업무 5년이상
300억 원 이상	1. **기술사** 또는 기능장 2. 특급기술자로서 동종현장에 시공관리업무 3년이상 3. 기사 자격취득후 해당 직무분야에 10년이상
100억 원 이상	1. **기술사** 또는 기능장 2. 특급기술자 3. 고급기술자로서 동종현장에 시공관리업무 3년이상 4. 기사 자격취득후 해당 직무분야 5년이상 5. 산업기사 자격취득후 해당 직무분야에서 7년이상
30억 원 이상	1. 고급기술자 이상인 자 2. 중급기술자로서 동종현장에 시공관리업무 3년이상 3. 기사 이상 자격취득자로서 해당 직무분야 3년이상 4. 산업기사 자격취득후 해당 직무분야에 5년이상
30억 원 미만	1. 중급기술자 이상인 자 2. 초급기술자로서 동종현장에 시공관리업무 3년이상 3. 산업기사 이상 해당 직무분야 3년이상

기술사

초대형 + 강사
류재복교수의

최강 + 신화는
계속된다

기술사 자격증 소지자는
+
10년 세월 앞서간다

토목시공기술사 시사성(용어+공법) 문제 해설
약자암기법

|목차|

1편 약자암기법 | 27

1장 콘크리트 ·· 29

1. 시방배합과 현장배합 30
2. 배합의 표시방법 30
3. 배합설계순서 30

4. 현장배합시 보정내용 3가지 31
5. 물결합재비(W/B) 31
6. 물결합재비(W/B) 결정방법 3가지 31

7. 굵은 골재의 최대치수 규정 31
8. Workability 측정방법 32

9. 골재의 조립률 32
10. 잔골재율(s/a) 32

11. 알칼리반응성골재 33
12. 알칼리골재반응종류 33

13. 배합강도 결정방법 3가지 33
14. 설계강도와 공칭강도 33
15. 적산온도 33

16. 할렬시험(인장강도)　34

17. 레미콘 품질관리규정 4가지　34
18. 레미콘 반입검사항목　34
19. Slump+공기량값　35

20. **혼화재료의 종류와 기능(사용목적)+적용성**　35
21. **혼화재료의 특징**　35
22. **혼화재료 시험항목**　36

23. 표면결함종류　36

24. **RC구조물의 균열원인별 분류**　36
25. **콘크리트 허용균열폭**　38
26. **콘크리트균열의 종류**　38
27. **콘크리트균열의 평가(조사)방법**　38
28. **콘크리트균열의 보수공법**　38
29. **균열보수재료평가기준**　39

30. 콘크리트구조물의 비파괴시험종류　40
31. 콘크리트비파괴시험으로 파악하는 내용　40

32. **균열 맺음말**　40

33. 양생의 목적(Mechanism)　40
34. 양생공법의 종류　40

35. **열화(Deterioration)의 원인 : 내구성저하**　41
36. **열화의 증상**　41
37. **열화방지대책**　41

38. 철근부식방지대책　43

39. 철근이음공법　43
40. 철근의 덮개목적　44
41. 철근의 정착방법　44
42. 철근의 유효깊이와 내하력　44
43. 철근의 부착강도영향요인　45
44. 철근의 간격　45

45. 거푸집·동바리검사항목　45

46. **줄눈종류**　46

47. 콘크리트마무리의 종류　46
48. 특수콘크리트의 문제점 한가지　46

49. **수밀콘크리트 누수원인이 되는 결함**　46
50. **Mass Concrete의 온도균열대책**　47

51. 수중콘크리트 타설원칙　47
52. 수중콘크리트 타설공법　47

53. 고성능콘크리트의 정의　47
54. 고강도콘크리트의 정의　47
55. 고내구콘크리트의 정의　48
56. 고유동콘크리트의 정의　48
57. 고성능콘크리트의 특징　48
58. 폭열현상 대책　48

59. 특수콘크리트 정의＋사용목적　48

60. **경량골재의 종류**　50
61. **강섬유보강콘크리트 문제점＋특징**　50

62. 방사선차폐(중량)콘크리트 50
63. Preplaced Concrete 51

64. 특수콘크리트 시공시 주의사항 52
65. 지하방수공법의 종류 53
66. 모든 재료(석분+분리막+혼화재료)의 대제목 순서 53

67. 환경지수와 내구지수 53

2장 시공관리 ···································· 55

1. 감리업무내용 16가지 56

2. CM업무내용 5가지 56
3. SOC사업의 계약방식 57

4. 총공사비구성요소 57

5. LCC항목별 구성(%) 58
6. LCC+VE+CALS 필요성[공품원안환] 58

7. GIS종류 58

8. FTM 정의+특징 59
9. 원가경비세비목 59
10. 공정관리기능(통+개) 59
10-1. 공정관리 역할 59

11. 실적공사비와 표준품셈방식 비교 60
12. Claim원인(5가지)+해결방법(5가지) 60
13. **설계변경조건+절차** 61
14. CM업무내용[공품원안환] 62

15. 공사계약금액 조정법 2가지 62

16. 유해＋위험방지계획서 작성대상공종 62
17. SOC사업 갈등해결방법 62

3장 건설기계 ··· 63

1. 토공장비계획(조합) 5단계 64
2. 작업효율향상 대책 64
3. 토공기계선정시 고려할 토질조건 65

4. 건설기계 선정시 고려사항 65
5. 장비조합 원칙 66
6. 건설기계의 관리 66

7. 건설기계 경비의 구성 66
8. 장비주행저항 67

4장 토공 ··· 68

1. 지반조사 69
2. 성토재료의 공학적 성질(구비조건) 69
3. 전단저항각에 영향을 미치는 요소 70

4. 액상화평가방법＋검토지반 70
5. 액상화증상 71
6. 액상화방지대책 71

7. 토적곡선(Mass Curve) 71

8. 암버력쌓기 시공대책 72

9. 암버력 품질관리기준 72

10. 절·성토구배설계기준 73
11. 다짐효과에 영향을 미치는 요인 73
12. 다짐도판정방법 73

13. OMC에서 건조측과 습윤측 다짐 비교 74
14. 흙의 다짐공법 74

15. 다짐관리기준(흙쌓기 품질관리기준) 74
16. 토공의 취약공종 4가지 75

17. 구조물과(Box Culvert+교대) 토공접속부 단차원인 75

5장 도로 ········· 76

1. 아스콘포장 단면도 77
2. 아스콘포장의 재료 77
3. 아스콘포장 품질관리항목 77
4. 석분의 기능+품질규정 77

5. 동상조건+방지공법+동결지수 78
6. 동해받는 구조물 79

7. 노상의지지력평가방법 79
8. 노체·노상·기층·보조기층의 안정처리공법 종류 5가지 79

9. 아스콘 시험포장 관리사항+온도 및 장비관리, 시공관리 79
10. 아스콘 포장 파손형태 80
11. Asphalt Concrete 포장의 파손원인 81
12. 소성변형의 원인 및 대책 82
13. Asphalt Concrete 포장보수공법 82

14. 도로포장배수공법 83
15. 친환경포장공법 83

16. 교면포장공법의 종류 83
17. 개질 Asphalt의 종류 83

18. Cement Concrete 포장단면도 84
19. 콘크리트포장의 종류 84
20. 콘크리트포장 시공순서 84
21. 혹서기 콘크리트포장시공 85

22. 콘크리트포장의 파손형태 85
23. 콘크리트포장의 보수공법 86

6장 기초 ········· 87

1. 기초공법의 종류 88
2. 장대교량(60m 이상) 기초공법 89

3. 기성말뚝기초 시공관리(시공계획서) 89
4. 기성말뚝기초(RC+PC+PHC+H+강관말뚝)의 선정기준 90
5. 파일항타(말뚝박기)전 준비사항 90
6. 시험항타의 목적 91

7. 파일 항타시시공시 주의사항 91
8. H-Pile의 특징 91
9. 경사말뚝의 특징 92
10. 강관말뚝의 특징 92

11. 강말뚝의 부식방지대책 92
12. 말뚝이음공법 4가지 92
13. 이음부의위치 93

14. 이음부의조건   93

15. 말뚝의 파손형태   93
16. 기성말뚝의하자(두부파손)원인   93
17. 말뚝 파손의 대책＝파일항타시 시공시주의사항   94
18. 말뚝의 중심간격과 배열   94
19. 개단말뚝과 폐단말뚝   94
20. 배토말뚝과 비배토말뚝   95

21. 말뚝의 지지력감소원인   95

22. 현장타설 콘크리트말뚝 기초공법선정＋특징   96
23. 현장타설 콘크리트말뚝 기초시공순서   97
24. 현장타설 말뚝에서 희생강관의 기능(역할)   97
25. 현장타설 콘크리트말뚝 기초시공관리 항목   97

26. Open Caisson시공관리 순서   97
27. 주면마찰력 감소대책＝Caisson의 침하촉진 공법   98

28. 말뚝의 (허용)지지력 산정방법 : 축방향지지력   98
29. 말뚝의 극한지지력 판정방법   99
30. 말뚝의 항복지지력 판정방법   99
31. 말뚝의 허용지지력 판정방법   99

32. Pneumatic Caisson 시공설비   99

7장 암석과 암반 · 100

1. 불연속면   101
2. RQD   102
3. SMR   102

4. 암반의 분류법과 판정기준   103
5. Q-System(Q 분류법)   103

8장 터널 104

1. TSP탐사   105
2. GPR탐사   105
3. Geotomography   105
4. TSP ▶ GPR+Geotomography : 탐사   105

5. 불연속면의 종류   105

6. 암석굴착공법 종류   105
7. 토사 Tunnel굴착공법(Shield) 종류   106
8. 암석 Tunnel공법 종류와 기계식 굴착공법의 종류 3가지   106

9. NATM의 세부작업 순서   106

10. 갱문의 종류   107

11. 발파공법적용 고려사항   108
12. 발파진동의 크기 지배요인   108
13. 발파진동경감공법   109
14. 발파진동식 : 발파진동예측방법 : 발파진동속도   109

15. 지반내 전달파(탄성파) 종류   111
16. 발파진동, 소음계측의 목적   111
17. 진동이 구조물에 미치는 영향   111

18. 심발(심빼기)발파 종류   111

19. Control Blasting의 종류   112

20. Control Blasting의 특징   112

21. 터널의 암종별·단면크기별 굴착공법   112
22. Bench Cut공법   113

23. 인버트(Invert)의 기능   114

24. 터널지보공의 종류   115
25. 강지보의 종류   115
26. 강지보(Steel Rib)의 기능+역할   115

27. Rock Bolt의 기능+역할   115
28. Rock Bolt의 종류   116
29. Rock Bolt의 재질   116
30. Rock Bolt의 타설   116
31. Shotcrete의 기능+역할   116
32. Shotcrete의 특징   116
33. 친환경 Shotcrete 종류   117
34. Shotcrete의 시공법 2가지   117
35. 콘크리트 Lining의 기능+역할   117

36. SFRC 특징   118
37. 터널보조공법   118
38. Tunnel의 용수대책 배수공법   119
39. 터널의 배수(용수처리)공법   119

40. 터널방수공법의 종류   120
41. 터널방수방식의 종류   120
42. 방수방식과 배수방식 특징   120

43. 터널지표 침하원인   121
44. 근접터널+저토피+미고결 지반 터널시공시 문제점   121

45. 터널붕괴형태   121

46. 계측의 목적   122
47. 터널계측 위치선정시 고려사항   122
48. NATM 계측의 종류와 설치위치   122
49. 계측항목별 계측방법   123
50. 터널계측의 문제점 및 개선안   123
51. 계측기 설치위치선정+계측항목+계측계획시 고려사항   123
52. 터널환기방식의 종류   124
53. 터널환기방식의 특징   124
54. 환기계획시 고려사항   124
55. 환기설비 고려사항   125

56. 방재설비종류   125
57. 방재설비 고려사항   126

58. Shield 공법의 종류   126
59. 니수가압식 Shield   126
60. 토압식 Shield   126
61. Shield시공순서   126
62. Shield이음방식+뒷채움방식   127

63. 수직갱 굴착공법   127
64. 고성능지보재   128

9장 교량 ········· 129

1. Prestressing 방법(PS강재 긴장방법)   130
2. PS의 정착방법 3가지   130
3. PS강재에 인장력을 주는 방법4가지   131

4. Prestress 손실의 종류   131

5. Prestressing의 시공관리(PSC Grout)   131
6. Camber(상향의 솟음값)   131
7. 장기처짐의 영향요인＝Prestress의 손실원인   132

8. 교량받침(Shoe)의 종류   132
9. 면진장치종류   132

10. PSC Box Girder에 의한 장대교량가설공법   132
11. PSC Box Girder가설공법의 특징비교   133

12. 강교가설공법   133
13. 강교가설공법의 특징   134

14. 사장교 가설공법의 종류   134

15. 강교제작 및 시공 Flow Chart   134
16. 강구조연결방법   135

17. 용접이음종류   135
18. Bracing 종류   135
19. Bracing의 목적   135
20. 용접결함의 종류   135
21. 용접에서비파괴검사   136

22. 강교가조립목적   136
23. 수중(고)교각시공관리 항목   136

24. 교각세굴예측 및 방지기법   138
25. 상판 보수공법 종류   138

26. 특수교량의 공통특징   139
27. Pre-Flex Beam 특징   139

28. 고성능 강재의 특징　140
29. 대Block 가설공법　140

30. 현장타설방식에 의한 콘크리트교량 가설공법의 종류　140

10장 가물막이 ·· 141
1. 가물막이공법(가체절)의 종류　142

11장 댐 ··· 143
1. 댐의 유수전환 방식의 종류　144
2. 댐의 종류　144
3. 여수로의 형식　144
4. 댐공사 시공관리계획　144
5. 댐공사 시공계획 작성요령(Fill Dam의 경우)　145

6. 댐기초처리 공법　146

7. Fill Dam의 Zone별 재료조건+축조방법　146
8. Fill Dam의 누수원인 및 대책　146
9. Fill Dam 계측의 종류　147

10. 콘크리트댐 시공계획　147
11. 중력식 콘크리트댐 이음의 종류　148
12. 콘크리트댐 시공시 주의사항　148
13. 콘크리트댐의 계측항목　148
14. Concrete Dam(Mass Concrete)계측의 종류　149

12장 하천 ········· 150

1. 하천제방의 종류 151

2. **제방재료 다짐관리기준** 151
3. **제방재료의 구비조건** 151

4. 하천제방의 누수원인 152
5. 제방누수원인=Fill Dam 누수원인 152
6. 제방의 누수방지대책 152
7. 하천공작물(제방) 피해원인 153

8. 호안의 종류 153
9. 호안의 역할과 기능 153
10. 호안공법의 종류 153
11. 친환경 호안의 종류 154
12. 호안구조와 시공관리 154

13. 호안의 파괴원인 154
14. 호안의 기능(=호안의 파괴원인) 155

15. **보의 종류** 155
16. **고정보 그림** 156
17. **가동보 그림** 156

18. 보의 차수공법 종류 156
19. 보의 하부 하상세굴 원인 156
20. 보의 하부 하상세굴 방지공법 157

13장 항만 ········· 158

1. 방파제, 안벽시공순서 159
2. 사석기초 고르기 작업시 고려사항 159

3. 방파제의 구조형식(공법의 종류) 159

4. 접안시설의 종류 159
5. 대형안벽 설치공법 3가지 160
6. 케이슨 시공순서 161

7. 항만 Caisson 진수공법의 종류 161

8. (방파제+안벽) 항만공사 시공관리 161
9. 매립 호안의 종류 161

10. 비말대와 강재부식 162

11. 준설선의 종류 162
12. 준설선(토질별)의 종류+매립공법의 종류 162

13. 매립공사 문제점=준설투기시 문제점(Silt Pocket+유보율) 163

14장 사면안정 ········· 164

1. 암반조사 ▶ 절토사면조사 165
2. 지반내 탄성파(전달파)의 종류 165

3. 불연속면(절리)의 종류 165
4. 불연속면(절리)의 특성 166
5. 사면조사 내용 166

6. 조성사면의 종류 및 붕괴형태 166
7. 자연사면 붕괴형태 166

8. Land Slide와 Land Creep 167
9. 사면붕괴의 주된 원인 167

10. 사면붕괴원인(설계 및 시공상 원인)   168

11. 암반사면 붕괴형태   168
12. 토사사면의 붕괴형태   168

13. 지반파괴형태 종류   169
14. 기능별 산사태 (암반비탈면) 대책공법의 종류   169
15. 친환경 사면안정공법의 종류   170

16. 절토공법의 종류   170
17. 소단설치 목적   171

18. 토석류(Debris Flow)의 형태 + 대책   171

19. Earth Anchor 최소심도 및 최소간격   172
20. Earth Anchor의 자유장, 정착장 길이 산정 : 설계방법   172
21. Earth Anchor 파괴의 원인(메커니즘) 및 유지관리(계측)   172

22. 절토사면에서 안정해석해야 하는 경우(안정검토가 필요한 절토비탈면)   173

15장 연약지반 ·· 174

1. 연약지반에 (구조물)시공시 문제점 + 공법선정 + 검토항목   175
2. 연약지반의 판정방법(기준)   176
3. 연약지반 특성   176

4. 심도별 연약지반 개량공법   176
5. (매립지) 표층처리공법의 종류   177
6. 지하 배수공법의종류   178

7. Geosynthetic(토목섬유)   178
8. PBD 통수능력 영향요인   178

9. 연직배수재의 변형형태(Smear Effect+Well Resistance 영향요인) 178
10. 연직배수공법의 (압밀속도)에 영향을 미치는 요인 179
11. 연직배수공법의 (PBD) 특징 179
12. 연직배수공법의 (PBD) 실패원인대책 179
13. 연직배수공법의 종류와 사용재료 180

14. 고압분사 주입공법 180
15. DCM : 심층혼합처리공법의 특징 180

16. 측방유동 대책공법 종류 181
17. 계측의 목적 181
18. 계측계획 수립시 고려사항 182
19. 연약지반계측항목+계측기기+설치위치 182
20. 계측의 종류와 설치위치(그림설명) 182

21. 연약지반 침하량예측방법 3가지(계측결과로 예측) 183
22. 연약지반 성토공 안정관리기법 3가지(계측결과로 안정해석) 183

16장 토류벽 ·········· 184

1. 토류벽 조사항목 185
2. 토류벽 설계시 검토항목 185
3. 토류벽 공법의 종류 185
4. 토류벽 시공계획 186

5. Open Cut(지하굴착공사에서 지하수+진동+주변지반침하원인+대책) 186

6. 계측의 목적 187
7. 계측계획 수립시 고려사항 187
8. 토류벽 계측항목+계측기기 설치위치 선정시 고려사항 187

9. 가물막이 공법의 종류 188

17장 옹벽 ··· 189

   1. 옹벽의 안정검토   190
   2. 옹벽시공시 문제점   190

   3. 보강토공법의 종류   190
   4. 콘크리트 옹벽과 Texsol옹벽의 비교   190

   5. 옹벽 배수공법의 종류   191

   6. 보강토옹벽의 코너부 균열원인   191
   7. 보강토옹벽 안정검토 방법   191

18장 공정관리 ·· 193

   1. 공사관리 Circle 4단계   194
   2. 공사관리 5대 요소   194

   3. 일정관리 의의 + 절차(순서) + 일정관리 방법   194

   4. 구조물 해체공법   196

   5. 건설폐기물의 종류   196
   6. 건설폐기물의 재활용   197
   7. 건설폐기물의 재활용시 기술적 문제점   197

   8. 환경영향평가항목(건설공해 원인과 대책)   197

   9. Claim(분쟁)의 발생원인 + 해결방법   198
   10. 설변조건(국가계약법 시행령65조)   198

19장 상하수도 · 199

    1. 지하매설관(상·하수도관)의 기초형식　200
    2. 지하매설관의 기초형식(상수도관＋하수도관)　200

    3. 지하매설관 종류　201

    4. 하수관 조사방법(불명수 침투조사방법)　201
    5. 하수도관 시공검사(확인방법)　201

    6. 하수관거 수밀시험방법　201

    7. 하수관거의 종류　201
    8. 하수관거의 연결방법　202

    9. 지하매설관의 누수원인　202
   10. 철도하부통과공법의 종류　203

   11. Front Jacking공법의 종류 및 특징　203

   12. 하수관정비공사내용(세관＋갱생공사)　203
   13. 하수관청소방법 5가지　204
   14. 상수도관의 종류　204

2편 예상문제 모음집 | 205

약자암기법

PART 01

Professional Engineer Civil Engineering Execution

콘크리트

Concrete

1장 콘 크 리 트

1 배합설계

(1) 시방배합
시방서, 공사시방서 또는 책임기술자에 의해 지시된 배합으로 골재가 표면건조포화상태에 있고, 잔골재는 5㎜체를 통과한 것, 굵은골재는 5㎜체에 남은 것으로 지시되며 비빈콘크리트의 1㎥에 대한 재료 사용량으로 나타낸 것.

(2) 현장배합
현장골재의 입도분포, 골재 표면수율, 혼화제 희석비, 회수수의 고형성분을 고려해 시방배합을 보정한 것.

2 배합의 표시방법

굵은골재 최대치수 (mm)	**S**lump 의 범위 (cm)	**공**기량 의 범위 (%)	**물**결합 재비 (%)	**잔**골재 율(s/a) (%)	단 위 량 (kg/m³)				
					물 **W**	시멘트 **C**	잔골재 **S**	굵은골재 **G**	**혼**화 재료

3 배합설계순서

굵	(1)	**굵**은 골재의 최대치수
S	(2)	**S**lump의 범위
공	(3)	**공**기량의 범위
물	(4)	**물**−시멘트비(W/C)
잔	(5)	**잔**골재율(s/a)
W	(6)	**단**위량 물 (**W**)
C		시멘트 (**C**)
S		잔골재 (**S**)

| G | | 굵은골재(G) |
| 혼재 | | 혼화재료 |

	4	현장배합시 보정내용
골	(1)	**골**재 입도 보정
표	(2)	**표**면수 보정
단	(3)	**단**위수량 보정

5 물결합재비

$$W/B = \dfrac{W}{C + F}$$

여기서, W : 물의 양
C : 시멘트량
F : Fly Ash량, 고로 Slag량

	6	W/C비 결정방법 3가지
강	(1)	**강**도에 의한 W/C 결정방법
내	(2)	**내**구성에 의한 W/C 결정방법 1) 내동해성 W/C : 55~70%
		2) 화학작용 W/C : 45~50%
수	(3)	**수**밀성에 의한 W/C 결정방법 : 50%

	7	굵은 골재의 최대치수 규정
	(1)	**무**근 콘크리트
	(2)	**철**근 콘크리트
	(3)	**포**장 콘크리트
	(4)	**댐** 콘크리트
	(5)	**고**강도 콘크리트
	(6)	**P**repacked Concrete
	(7)	**S**hotcrete
	(8)	**수**중불분리성 콘크리트

		(9) **유**동화 콘크리트
	8	**Workability 측정방법**
		(1) **슬**럼프 시험(Slump Test)
		(2) **구**관입 시험(케리볼 시험)
		(3) **반**죽질기 시험(Vee-Bee Test)
		(4) **유**동성 시험(Flow Test)
		(5) **다**짐계수 시험
	9	**골재의 조립율**
		(1) 10개의 체를 일률적으로 해서 체가름시험시 각 체에 남은 누계량의 전체 시료에 대한 백분율의 합을 100으로 나눈값이다.
		$$조립율 = \frac{각\ 체에\ 남은\ 누계중량백분율의\ 합}{100}\ (\%)$$
		(2) $$혼합골재\ 조립율\ b = \frac{ms + nq}{(m+n)(m+n)}$$ m : 잔골재량 s : 잔골재의 조립율 n : 굵은골재량 q : 굵은 골재의 조립율
		(3) 일반적인 조립율 ─ 잔 골 재 : 2.3 ~ 3.1 굵은골재 : 6 ~ 8
	10	**잔골재율(s/a)**
		(1) **전체 골재량에 대한 잔골재(No.4체-4.75mm통과)량의 절대 용적비** $$s/a = \frac{S/Gs}{S/Gs + G/Gs} \times 100\%\quad (Gs : 골재의\ 비중)$$

		(2) **콘크리트 강도에 미치는 영향**
		 s/a가 적으면 - 소요의 Workability를 얻기 위한 단위수량(W) 감소
		                  Cement량 감소
		                  건조수축 감소

재료분리 감소

※ 너무 적으면 재료분리가 커지고 콘크리트가 거칠어진다.

11 알칼리반응성골재

안	(1) **안**산암	점	(5) **점**판암
유	(2) **유**문암	화	(6) **화**강암
사	(3) **사**암	현	(7) **현**무암
차	(4) **차**트		

12 알칼리골재반응종류

(1) **A**lkali **S**ilca

(2) **A**lkali **탄**산염 반응

(3) **A**lkali **골**재 반응

13 배합강도 결정방법 3가지

(1) 표준시방서에 제시한 $a - V$ 곡선에서 구하는 방법

(2) 30개 이상의 실적자료를 분석해서 수식으로 구하는 방법

(3) 표준편차 S와 변동계수 V를 가정해서 수식으로 구하는 방법

14 설계강도와 공칭강도

$$Md = \phi \times Mn$$

여기서, ϕ : 강도감소계수

Md : 설계강도

Mn : 공칭강도

15 적산온도

$$M = \Sigma (\Theta + A) \times \Delta t$$

여기서, M : 적산온도(℃ · hr) 또는 (℃ · day)

A : 정수로서 10℃

Δt : 시간(일 또는 시)

16	할렬시험		
	콘크리트 원주 공시체를 할렬(쪼갬, Splitting)시키는 인장강도 시험법		

$$쪼갬\ 인장강도\ T = \frac{2P}{\pi\,d\,\ell} \rightarrow 압축강도의\ \times \frac{1}{10}$$

여기서, T : 인장강도 (kgf/cm²)

P : 공시체 파괴시의 최대하중 (kgf)

ℓ : 공시체의 길이 (cm)

d : 공시체의 지름 (cm)

	17	레미콘 품질관리 규정 4가지
강	(1)	**강**도
S	(2)	**S**lump
공	(3)	**공**기량
염	(4)	**염**화물 함유량 한도
	18	레미콘 반입검사 항목
	(1)	**강** 도
	(2)	**S**lump
	(3)	**공**기량
	(4)	**염**화물 함유량
	(5)	**온** 도
	(6)	**단**위용적질량
	(7)	**단**위수량
	(8)	**단**위시멘트량
	(9)	**물**-시멘트비(W/C)
	(10)	**기**타 재료의 단위량
	(11)	**P**umpability

	19	Slump + 공기량 값		
		구조물의 종류	Slump	공 기 량
		무근 콘크리트	8cm	
		일반 콘크리트	12cm	보통 콘크리트 : 4.5±1.5%
		수중 콘크리트	18cm±2.5cm	경량 콘크리트 : 5±1.5%
		도로 포장	2.5cm	도로포장 : 4%
		댐 콘크리트	5cm	
	20	**혼화재료의 종류와 기능(사용목적)**		**적용성**
		(1) 혼화재 : 분말가루 -> 배합 설계시 중량에 포함		
F 수		1) **F**ly Ash : **수**화열 감소-Pozolan,고로 Slag		매스 콘크리트
팽 건		2) **팽**창재 : **건**조수축 균열 방지		수밀 콘크리트
		(2) 혼화제 : 용액 -> 배합 설계시 중량에 미포함		
A 동		1) **A**E제 : **동**결융해 방지		한중 콘크리트
A 단		2) **A**E감수제 : **단**위수량 감소		서중 콘크리트
고 유		3) **고**성능감수제(유동화제) : **유**동성 개선		고성능 콘크리트
방 투		4) **방**수제 : **투**수성 감소		수밀 콘크리트
급 응		5) **급**결제 : **응**결촉진		한중 콘크리트
지 응		6) **지**연제 : **응**결지연		서중 콘크리트
촉 수		7) **촉**진제 : **수**화작용 촉진 - 염화칼슘 $CaCl_2$		한중 콘크리트
	21	**혼화재료의 특징** = 좋은 콘크리트 = 해양 콘크리트 구비조건		
강	(1)	**강**도개선		
부	(2)	**부**착강도 증진		
건	(3)	**건**조수축 균열방지	염해 방지	
내	(4)	**내**구성 증진	중성화 방지	
균	(5)	**균**열방지	알칼리 골재반응 방지	
차	(6)	**차**수성 확보	황산염 침식 방지	

수	(7)	**수**밀성 확보
동	(8)	**동**결융해 방지
부	(9)	**부**식방지
투	(10)	**투**수, 투습에 대한 저항성 증대
	22	**모든 혼화재료 시험항목**
감	(1)	**감**수율
Ble	(2)	**Ble**eding 률
압	(3)	**압**축강도의 비
응	(4)	**응**결시간의 차
길	(5)	**길**이의 비
상	(6)	**상**대동탄성계수
화	(7)	**화**학적 안정성
	23	**표면결함 종류**
	(1)	**동**결융기(Pop Outs)
	(2)	**L**aitance
	(3)	**백**태(Efflorescence)
	(4)	**모**래줄무늬(Sand Streaking)
	(5)	**얼**룩 및 색깔차
	(6)	**곰**보 및 자갈포켓(Honey Comb & Rock Pocket)
	(7)	**볼**트공(Bolt Hole)
	(8)	**기**포로 인한 곰보(Air Pocket)
	(9)	**D**usting
	24	**RC 구조물의 균열 원인별 분류**
	(1)	**재료의 성질상 원인**
		1) **시**멘트의 이상응결(풍화된 시멘트)
		2) **시**멘트의 수화열 및 이상팽창

3) **골**재에 세립자 함유

4) **반**응성 골재

5) **콘**크리트의 침하, Bleeding

6) **콘**크리트의 건조수축

(2) **시공상의 원인**

1) **장**시간 혼합

2) **혼**화재료의 불균질한 확산

3) **P**ump압송시 시멘트, 단위수량의 증가

4) **타**설순서 미준수 급속한 타설속도

5) **불**충분한 다짐

6) **줄**눈시공 불량

7) **철**근배근 잘못

8) **거**푸집의 배불림 현상

9) **거**푸집 시공불량

10) **동**바리 침하 및 거푸집 조기 제거

11) **경**화전의 진동과 재하

12) **초**기 양생중의 급격한 건조 및 초기 동해

(3) **사용, 환경조건상의 원인**

1) **염**해 – 염분침투, 철근부식

2) **중**성화 – CO_2 침투

3) **알**칼리 골재반응(ASR : Alkali Silica Reaction)

4) **동**결 융해의 반복

5) **황**산염 침투 – SO_3 침투

(4) **구조상의 원인**

1) **하**중 : 설계하중 초과

2) **단**면, 철근량의 부족

		3) **구**조물의 부등침하 등	
	25	**콘크리트 허용 균열의 폭**	
건		(1) **건**조한 외기 또는 보호막이 있는 경우 :	0.4mm
습		(2) **습**한 외기 또는 지중 :	0.3mm
제		(3) **제**빙용 화학혼화제 사용시 :	0.18mm
해		(4) **해**수 또는 건습이 교차되는 경우 :	0.15mm
수		(5) **수**조 구조물 :	0.1mm
	26	**콘크리트 균열의 종류**	
소		(1) **굳기 전** 균열 2가지 1) **소**성수축균열	
침		2) **침**하균열	
건		(2) **굳은 후** 균열 2가지 1) **건**조수축균열	
온		2) **온**도균열	
	27	**콘크리트 균열의 평가(조사)방법**	
육		(1) **육**안검사	
비		(2) **비**파괴검사 : 반발법, 공진법, 음속법, 복합법, 인발법	
코		(3) **코**아(Core) 검사	
설		(4) **설**계도면 및 시공자료 검토	
보		(5) **보**수절차의 선정	
	28	**콘크리트 균열의 보수공법**	
에		(1) **E**poxy 주입공법	
봉		(2) **봉**합보수 방법 : 우레탄	
짜		(3) **짜**깁기 방법 : Anchor에 의한 보수	
추		(4) **추**가철근 보강 : 철근 삽입	
D		(5) **D**ry Packing : Mortar 주입	
P		(6) 외부 **P**re-stressing에 의한 균열의 보강	

폴	(7)	**폴**리머(Polymer) 침투법
O	(8)	**O**verlay 보수공법(구조 Slab위에)
강	(9)	**강**판압착공법(Steel Plate)
표	(10)	**표**면처리공법(Mortar)
충	(11)	**충**진공법 : Sealing재료 주입
G	(12)	**G**routing공법(Mortar)
	29	**균열보수재료 평가기준(선정시 고려사항 : 체적변화인자)**
	(1)	**부착강도 평가**
		1) **직**접인장시험
		2) **직**접전단시험
		3) **경**사전단시험
	(2)	**건조수축**
		1) **건**조수축이 적은 재료 선정
		2) **저**온양생
		3) **습**윤양생
		4) **양**생기간 검토
	(3)	**열팽창계수 검토**
		1) 콘크리트 열팽창계수
	(4)	**탄성계수**
		1) 탄성계수가 크면 -> 변형이 적다.
	(5)	**보수재료의 Creep**
		1) 건조수축과 동시에 발생, 작용하중에 영향을 받는다.
	(6)	**내구성 검토**
		1) **염**해
		2) **중**성화
		3) **알**칼리 골재반응

			4) **동**해
			5) **황**산염 침식
	30	**콘크리트 구조물의 비파괴 시험 종류**	
반		(1) **반**발법(슈미트해머법) : 콘크리트의 타격 때 반발의 정도에서 강도 측정
공		(2) **공**진법 : 피측정물 공진 때의 동적특성치에 의한 강도 측정
음		(3) **음**속법 : 피측정물을 전달하는 음파의 속도에서 강도 측정
복		(4) **복**합법 : 공진법, 음속법 등을 병용하여 강도를 측정
인		(5) **인**발법 : 콘크리트 등에 묻힌 볼트 중에서 강도를 측정
	31	**콘크리트 비파괴 시험으로 파악하는 내용**	
피		(1) **피**복두께
위		(2) **철**근의 묻힌 위치
부		(3) **부**식상태
강		(4) **콘**크리트 강도
	32	**균열 맺음말**	
		(1) **물**-시멘트비(W/C) 작게한다
		(2) **초**기양생 ↑ 가 중요하다.
		(3) **다**지기 ↑ (50cm 간격)
	33	**양생의 목적 : Mechanism**	
기		(1) **기**상작용으로부터 콘크리트 보호
하		(2) **하**중으로부터 보호(과대한 충격, 재하)
온 습		(3) **온**도, 습도유지
건		(4) **건**조수축을 적게 하여 균열방지
	34	**양생공법의 종류**	
습		(1) **습**윤양생(Wet Curing) - 살수, Sprinkler

피	(2) **피**막양생(Membrane Curing) – 피막양생재	
증	(3) **증**기양생(Steam Curing) – Auto Clave 양생 --> 고내구+고강도	
전	(4) **전**기양생 – 전기열	
고	(5) **고**주파양생 – 고주파열	촉진 양생
적	(6) **적**외선양생 – 적외선열	
Pre	(7) **Pre**-Cooling – W.C.G.S 미리 냉각	Mass Concrete
Pipe	(8) **Pipe**-Cooling – 냉각수 순환	
가	(9) **가**열보온양생 – 열풍기,보일러	한중 양생
단	(10) **단**열보온양생 – 단열 Mat	
	35	**열화(Deterioration)의 원인(내구성 저하원인)**	
시	1) **시**공관리 불량	1) **염**해 – 염분침투, 철근부식
재	2) **재**료 불량	2) **중**성화 – CO_2 침투
건	3) **건**조수축의 영향요인	3) **알**칼리골재반응
온	4) **온**도의 부식	4) **동**결융해
철	5) **철**근부식	5) **황**산염 – SO_3 침투
충	6) **충**격파	
마	7) **마**도침식	
불	8) **불**량설계세목	
설	9) **설**계불량	
	36	**열화의 증상(내구성 저하 현상)**	
균	1) **균**열(Crack)	
표	2) **표**면붕괴(Disintergration)	
박	3) **박**리현상(Spalling)	
마	4) **마**모(Abrasion)	
	37	**열화 방지대책 : 내구성 증진대책 = 철근부식방지 = 해양 콘크리트**
	(1) **철근과 콘크리트의 부식방지**	

염		1) **염**분의 허용량 : 0.3kg/m³	
제		2) **해**사의 제염 : 강우, 살수, 주수	
피		3) **철**근의 피복두께 증가 : 12cm	
방		4) **철**근의 방식피복 -> 에폭시(Epoxy)	
콘		5) **콘**크리트 표면의 피복 -> 유리섬유 박판	
방		6) **방**청제	
제		7) **제**염제	

(2) **재료, 배합, 시공단계에서의 대책**

   1) **재**료
      ① **물**(W) : Cl^-이온이 없는 음료수 정도의 물
      ② **C**ement : 저발열시멘트 → ┌ Fly Ash Cement
      ③ **잔**골재 : 양입도   ├ 중용열 Portland Cement
      ④ **굵**은골재 : 양입도   ├ 고로Slag 미분말 혼합Cement
      ⑤ **혼**화제 : 고성능AE감수제 └ 알루미나 Cement

   2) **배**합   물-시멘트비(W/C) 최소화 -> 최저 45%

   3) **설**치
      ① **거**푸집 부풀어 오름 방지
      ② **동**바리 침하 방지
      ③ **줄**눈 설치
      ④ **철**근 간격, 피복두께 유지 -> Spacer(몰탈제품)

   4) **운**반
      ① **D**ump Truck : 1.0hr ─┐ 운반시간 준수
      ② **A**gitator Truck : 1.5hr ─┘

   5) **치**기   ① 연속타설 -> Cold Joint 방지

   6) **다**지기
      ① 내부 진동기 사용
      ② 50cm 간격으로 1회 다지기시간 16초

   7) **마**무리   ① 나무 흙손 -> Bleeding, Laitance 제거

   8) **양**생   ① **습**윤양생   - 살수, Sprinkler

		② **피**막양생	– 피막양생재
		③ **증**기양생	– Auto Clave 양생
		④ **전**기양생	– 전기열
		⑤ **고**주파양생	– 고주파열
		⑥ **적**외선양생	– 적외선열
		⑦ **Pre**-Cooling	– 골재 사전냉각
		⑧ **Pipe**-Cooling	– 냉각수 순환
		⑨ **가**열보온양생	– 열풍기, 보일러
		⑩ **단**열보온양생	– 단열 Mat
	38	**철근과 콘크리트의 부식방지 대책**	
염	(1)	**염**분의 허용량 –> $0.3kg/m^3$	
제	(2)	**제**염	
피	(3)	**철**근의 피복두께 증가 : 12cm	
방	(4)	**철**근의 방식피복 –> 에폭시	
콘	(5)	**콘**크리트 표면의 피복 –> 유리섬유복합소재 박판	
방	(6)	**방**청제	
제	(7)	**제**염제	
Ce	(8)	**C**ement : 저발열씨멘트	
물	(9)	**물**	
골	(10)	**골**재 : 양입도	
배	(11)	**배**합 : W/C 작게	
양	(12)	**양**생 : 습윤, 증기양생	
균	(13)	**균**열의 보수	
S	(14)	**철**근의 피복두께 유지 –> Spacer(몰탈제품)	
Col	(15)	**Col**d Joint 방지	
	39	**철근이음 공법**	

겹	(1)	**겹**이음
용	(2)	**용**접이음
기	(3)	**기**계적이음
Sleeve	(4)	**Sleeve** 이음
Gas	(5)	**Gas** 압접이음
	40	**철근의 덮개(피복) 설치 목적**
산	(1)	**산**근의 산화방지
내	(2)	**내**화구조로 하기 위해서
부	(3)	**부**착강도를 크게 하기 위해서
	41	**철근의 정착방법**

정착 : 철근이 콘크리트 밖으로 빠져 나오지 않게 하는 매입하는 것

(1) **묻힘(매입)길이에 의한 정착**

인장철근 $\ell_{ab} = \dfrac{0.6 d_b f_y}{\sqrt{(f_{ck})}} \geqq 30\text{cm}$

압축철근 $\ell_{ab} = \dfrac{0.25 d_b f_y}{\sqrt{(f_{ck})}} \geqq 20\text{cm}$

(2) **표준 갈고리에 의한 정착**

$\ell_{dh} = \dfrac{100 db}{\sqrt{f_{ck}}} \geqq 15\text{cm}$

(3) **기계적 방법에 의한 정착**

| | 42 | **철근의 유효깊이** |

철근비 $\rho = \dfrac{As}{bd}$

	43	철근의 부착강도에 영향을 미치는 요인
표	(1)	**철**근의 **표**면상태
강	(2)	Concrete의 **강**도
위	(3)	철근의 묻힌 **위**치 및 강도
덮	(4)	**덮**개
다	(5)	**다**지기
	44	철근의 간격
보	(1)	**보**(Beam)
나 띠	(2)	**나**선철근과 **띠**철근 기둥
철 다	(3)	**철**근을 **다**발로 사용할 경우
긴 닥트	(4)	**긴**장재와 **D**uct의 경우
	45	거푸집 동바리 검사(Check List)
형	(1)	(거푸집의) **형**상
부	(2)	(거푸집의) **부**풀어 오름
몰	(3)	**M**ortar의 새어나옴
이	(4)	**이**동, 경사, 침하
접	(5)	**접**속부의 느슨해짐
허	(6)	조립의 **허**용 오차
침	(7)	(동바리의) 부등**침**하
지	(8)	**지**주
타이	(9)	Form **Tie** Bolt
청	(10)	(거푸집) **청**소상태
박	(11)	(거푸집) **박**리제 도포 여부
모	(12)	**모**따기
비	(13)	**비**계
발	(14)	**발**판

매	(15)	**매**설물 확인(전선/Duct 등)
	46	**줄눈의 종류 3가지**
시	(1)	**시**공줄눈(Construction Joint)
신	(2)	**신**축줄눈 팽창줄눈(Expansion Joint)
수	(3)	**수**축줄눈(균열유발줄눈 : Contraction Joint)
	47	**콘크리트 마무리의 종류(표면결함 대책)**
	(1)	거푸집 판에 접하지 않는 면의 마무리
	(2)	거푸집 판에 접하는 면의 마무리
	48	**콘크리트의 종류 8가지 문제점 한가지**
	(1)	**서**중 콘크리트 : 급속응결+Cold Joint
	(2)	**한**중 콘크리트 : 응결지연+초기동해
	(3)	**수**밀 콘크리트 : 누수
	(4)	**M**ass Concrete : 온도균열
	(5)	**해**양 콘크리트 : 철근부식
	(6)	**수**중 콘크리트 : 재료분리 => 수중 불 분리성 콘크리트
	(7)	**Pre**placed Concrete : 주입압
	(8)	**Sho**tcrete : Rebound
	(9)	SFRC(**강**섬유보강 콘크리트) : 강섬유의 뭉침현상
	(10)	**유**동화 콘크리트 : 간극통과성
	49	**수밀콘크리트 누수원인이 되는 결함부의 종류**
	(1)	**균**열(초기+후기)
	(2)	**곰**보(Honey Comb)
	(3)	**혹**
	(4)	**줄**
	(5)	Laitance & Bleeding(**재**료분리)
	(6)	Pop Out(**동**결융기)

		(7) **백**태(Efflorescence)
		(8) Map Cracking(**지**도균열)
		(9) **R**ock Pocket
	50	**Mass Concrete의 온도균열 대책(수화열 억제 대책)**
단		(1) **단**위 Cement량을 적게한다
저		(2) **저**발열 Cement : 중용열 Portland Cement
1		(3) **1** Lift의 높이 적게 : 1.5m
구		(4) **구**속도 적게
타		(5) **타**설온도 낮게
Pre		(6) **Pre**-Cooling ┐ 양생공법
Pipe		(7) **Pipe**-Cooling ┘
	51	**수중 콘크리트 타설 원칙**
정		(1) **정**수중에 타설
수 낙		(2) **수중낙**하 금지
수 평		(3) 가능한 **수평**을 유지하면서
연		(4) 소정의 높이까지 **연**속타설
휘		(5) 치기도중 물을 **휘**저어서는 안된다.
Lai		(6) **Lai**tance 제거한 후 –> 다음작업 시행
	52	**수중 콘크리트 타설 공법**
Tre		(1) **Tre**mie 공법
Con		(2) **Con**crete Pump
밑		(3) **밑**열림 상자
포		(4) **포**대 콘크리트 공법
	53	**고성능 콘크리트의 정의**
		고강도, 고내구, 고유동 콘크리트를 동시에 만족하는 콘크리트이다.
	54	**고강도 콘크리트의 정의**

		고온, 고압, 증기양생으로 fck=65MPa이상으로 만든 콘크리트를 말한다.
	55	**고내구 콘크리트의 정의**
		내구성지수 80%이상, fck=60MPa이상이며 내용년수 500년을 목표로 제조되는 콘크리트를 말한다.
	56	**고유동 콘크리트의 정의**
		유동화제(고성능 AE감수제)를 섞어서 유동성을 크게 한 콘크리트를 말한다.
	57	**고성능 콘크리트의 특징**

    (1) **강**도개선   (6) **차**수성 확보

    (2) **부**착강도 증진   (7) **수**밀성 증진

    (3) **건**조수축 균열방지   (8) **동**해 방지

    (4) **내**구성 증진   (9) **부**식 방지

    (5) **균**열 방지   (10) **투**수성 감소

58 폭열현상 대책

(1) **재**료적인 접근 방법

(2) **내**화성능 확보 방법

(3) **A**FR 콘크리트(Advanced Fire Resistance)

(4) **F**RC공법(Fire Performance Concrete)

(5) **F**IRECC(Fire Reinforced Concrete Column)

59 특수 콘크리트

(1) **유동화 콘크리트**

  1) 정의 : 유동화제(고성능감수제)를 넣어 유동성을 개선한 콘크리트

  2) 혼화재료 : 유동화제

  3) 치기 : 30분내 타설완료

(2) **AE 콘크리트**

  1) 정의 : AE제를 첨가하여 동결융해를 방지한 콘크리트

  2) 혼화재료 : AE제

3) 치기 : 30분내 타설완료

(3) **Fly Ash 콘크리트**

1) 정 의 : Fly Ash를 첨가하여 수화열 감소로 건조수축을 방지한 콘크리트

2) 혼화재료 : Fly Ash

3) 양 생 : 초기 습윤양생이 중요

(4) **팽창 콘크리트**

1) 정 의 : 팽창재를 첨가하여 건조수축을 방지한 콘크리트

2) 혼화재료 : Fly Ash

3) 양 생 : 초기 습윤양생이 중요

(5) **수중불분리성 콘크리트**

1) 정 의 : 수중불분리성 혼화제를 첨가한 콘크리트

2) 목 적 : 수중 재료분리 방지

혼화재료 : 수중 불분리성 혼화제

치기 : 수중 콘크리트 타설

(6) **강섬유보강 콘크리트**

1) 정 의 : 강섬유를 보강한 콘크리트

2) 목 적 : 인성 증대 => 터널의 라이닝 콘크리트

혼화재료 : 강섬유 보강재

(7) **중량 콘크리트**

1) 정 의 : 자철광, 갈철광, 중정석을 골재로 사용한 콘크리트

2) 목 적 : 구조물 중량화 => 원자로 차폐벽

3) 특 징 : 기건중량 2.5~6ton/m^3

(8) **경량 콘크리트**

1) 정 의 : 팽창 질석, Perlite, 팽창 고로 Slag, Fly Ash,

석회암, 팽창 혈암, 발포폴리스틸렌(EPS)등을

섞어서 만든 콘크리트

			2) 목적 : 구조물 경량화
			3) 특징 : 기건중량 1.45~1.6ton/m^3
	60		**경량골재의 종류**
팽		(1)	**팽**창고로 Slag
Per		(2)	**Per**lite
팽		(3)	**팽**창질석
F		(4)	**F**ly Ash
석		(5)	**석**탄회
팽		(6)	**팽**창혈암, 팽창점토
발		(7)	**발**포 폴리스티렌 골재(Expended Polystyrene Bead : EPB)
	61		**강섬유 보강 콘크리트**
		(1)	**강섬유 보강 콘크리트 문제점**
			1) **강**섬유의 뭉침현상이나 부러지는 현상
			2) **혼**합율 1%이상 안되면 휨인성을 발휘하지 못한다.
			3) **공**사비 고가임.
		(2)	**강섬유 보강 콘크리트의 특징**
			1) **균**열이 적다
			2) **휨**강도가 크다
			3) **인**장강도가 크다
			4) **전**단강도가 크다
			5) **동**결,융해 저항성이 크다
			6) **내**구성, 내마모성, 내충격성이 크다.
	62		**방사선 차폐 콘크리트(중량 콘크리트)**
		(1)	**정의** : 생물체의 방호를 위하여 X선, γ 선 및 중성자선을 차폐할 목적으로 중량골재를 사용한 콘크리트를 방사선 차폐 콘크리트라 한다.
		(2)	**시공시 주의사항**

1) 재료

① **시**멘트 : 수화열이 적고, 건조수축이 작은 시멘트(중용열 시멘트)

② **골**재 : 비중이 클 것 – 자철강, 갈철강, 중정석

③ **물** : 음료수 정도의 맑은 물

④ **혼**화재료 : 감수제, Fly Ash사용(AE제 사용금지)

2) 배합

① Slump치 : 15cm이하

② W/C비 : 50%이하

(3) **방사선 차폐 콘크리트의 특징**

1) **방**사선 차폐성능 양호

2) **방**사선 투과율 감소

3) **재**료분리 발생

4) **압**송성 불량

63 Preplaced Concrete　　　　　　　Prepacked Concrete

(1) **정**의 : 굵은 골재를 거푸집에 미리 채우고 그 공극속에 주입 Mortar를 채운 콘크리트를 말함

(2) **시공방법**

1) **지**반정지

2) **육**상으로 조립한 강재거푸집의 설치

3) **모**래포대등으로 Mortar의 누출을 방지

4) **자**갈(15mm이상)의 투입

5) Mortar 수송관(고무호스)을 주입관에 접속

6) **주**입 Mortar를 Pump로 압입주입(3~4kg/cm^2)

(3) **Preplaced Concrete의 특징**

1) **균**등한 품질의 콘크리트

2) **원**자로 차폐용 콘크리트에 유리

3) **수**중 시공에 유리

4) **부**착강도가 크다

5) **동**결, 융해 저항성이 크다

6) **부**식 저항성이 크다

7) **투**수에 대한 저항성(방수성)이 크다

| 64 | 특수콘크리트 시공시 주의사항(단계별 품질관리계획) |

(1) **재**료 1) **W**ater

2) **C**ement

3) **S**

4) **G**

5) **혼**화재료

(2) **운**반 1) 운반시간 ┬ 25'C 이하 : 2.0hr ┐
　　　　　　　　　　　├ 25'C 이상 : 1.5hr │ 재료분리 방지
　　　　　　　　　　　├ Agitator Truck : 1.5hr │
　　　　　　　　　　　└ Dump Truck : 1.0hr ┘

2) 운반로 및 배출장소 정비

(3) **치**기 1) **연**속타설 : 운반시간 준수, Cold Joint 방지

2) **Col**d Joint 방지대책 수립

　　－ 레미콘 지연, 장비고장, 이상기후에 대비하여 인원,
　　　자재, 장비계획 수립

3) **혼**화재료를 현장에서 혼합시 60초 고속회전 30분이내 타설

4) **1**층 타설 높이 : 30cm 이하로 한다.(매스콘크리트 : 1.5m)

5) **대**칭타설해서 균열 방지 및 안전사고 방지

6) **타**설속도 및 타설순서의 준수하여 타설중 붕괴사고 방지

7) **타**설장비 : Pump Car

(4) **다**지기 1) **내**부진동기로 다지기

2) **벽**체진동기로 표면결함을 방지한다.

3) **50**cm 간격으로 다진다.(진동기의 다져지는 범위 : 지름*10배)

4) **외**벽을 고무망치로 두드린다.

5) **표**면 결함방지 : 곰보, 혹, 줄, 백태 등

(5) **마**무리 1) **나**무흙손으로

- Bleeding 적게
- Laitance 적게

(6) **양**생 1) **초**기 양생이 중요하며

2) **한**중 : 초기 동해 방지

3) **서**중 : 건조수축 균열방지

4) **초**기균열 방지 -> 열화방지

	65	**지하 방수공법의 종류**
아		(1) **A**sphalt 방수
쉬		(2) **Sh**eet 방수
도		(3) **도**막방수
침		(4) **침**투식 방수
벤		(5) **Ben**tonite 방수

66 모든 재료(석분+분리막+혼화재료)의 대제목 순서

(1) **기**능

(2) **구**비조건

(3) **시**공시 유의사항

(4) **저**장(창고, 천막설치)

＊ 분리막 : Concrete 포장(PE Film), PI<6, 비중2.65

67 환경지수와 내구지수

(1) **환**경지수

1) 정의 : 환경의 상태를 평가하기 위한 척도를 말한다.

		2) 평가방법 : 물리적 지표 및 화학적 지표로 표시
	(2)	**내**구지수
		1) 정의 : 동결, 융해 반복 300 Cycle 시험에서 얻어지는 계수
		2) 물·시멘트비가 크면 내구성 지수는 저하
		3) 공기량 3~12% 연행시키면 내구성 지수는 커진다.

시공관리

Construction Management

CHAPTER 02

Professional Engineer Civil Engineering Execution

2장 시공관리

1 감리업무내용 16가지

업무내용	책임감리	시공감리	검측감리
(1) 시공계획	검토	검토	–
(2) 공정표	검토	검토	–
(3) 건설업자 등이 작성한 시공상세도면	검토, 확인	검토	–
(4) 시공내용의 적합성(설계도면, 시방서 준수여부)	확인	확인	확인
(5) 구조물 규격의 적합성	검토, 확인	검토	검토
(6) 사용자재의 적합성	검토, 확인	검토	검토
(7) 건설업자등이 수집한 품질보증·시험계획	확인, 지도	확인, 지도	–
(8) 건설업자등이 실시한 품질시험·검사	검토, 확인	검토, 확인	검토, 확인
(9) 재해예방대책, 안전·환경관리	확인	지도	–
(10) 설계변경사항	검토, 확인	검토	–
(11) 공사진척부분	조사, 검사	조사, 검사	조사, 검사
(12) 완공도면	검토	검토	검토
(13) 완공사실, 준공검사	준공검사	완공확인	완공확인
(14) 하도급에 대한 타당성	검토	검토	–
(15) 설계내용의 시공가능성	사전검토	사전검토	–
(16) 기타공사의 질적 향상을 위해 필요한 사항	규정	규정	미규정

2 CM업무내용 5가지

(1) **기**획, 계획단계 : 건설사업 계획 수립

(2) **설**계단계 : 최적설계가 되도록 조정 or 자문

(3) **입**찰단계 : 합리적인 계약 ⇒ 조언 or 시행

(4) **시**공단계 : 시공계획서 검토, 공사 전반에 대한 조정, 통제업무

(5) **준**공·인도단계 : 평가 및 사후관리방안 검토

3 SOC사업의 계약방식

(1) **B**TO(Build – Transfer – Operate) 방식 : 건설-양도-운영

(2) **B**TL(Build – Transfer – Lease) 방식 : 건설-양도-임대

(3) **B**OT(Build – Own – Transfer) 방식 : 건설-소유-양도

(4) **B**OO(Build – Own – Operate) 방식 : 건설-소유-운영

(5) **B**LT(Build – Lease – Transfer) 방식 : 건설-임대-양도

(6) **R**OT(Rehabilitate – Operate – Transfer) 방식 : 정비-운영-양도

(7) **R**OO(Rehabilitate – Own – Operate) 방식 : 정비-소유-운영

(8) **R**TL(Rehabilitate – Transfer – Lease) 방식 : 정비-양도-임대

4 원가세비목(총공사비 구성요소) (직접비+간접비)

비 목			구 분		
			금 액	구 성 비	비 고
순공사원가	1. 재료비	직접재료비 간접재료비 작업설·부산물 등(△)			
		소 계			
	2. 노무비	직접노무비 간접노무비			
		소 계			
	3. 경비	전 력 비 수도광열비 운 반 비 기계경비 특허권사용료 기 술 료 연구개발비 품질관리비 가 설 비 지급임차료 보 험 료 복리후생비 보 관 비 외주가공비 안전관리비 소 모 품 비 여비·교통비·통신비 세금과공과 폐기물처리비 도서인쇄비 지급수수료비 환경보전비 기타법정경비			
		소 계			
일반관리비( )%					
이 윤( )%					
총 원 가					

	5	**LCC항목별 구성 (%)**
	(1)	**기**획+설계비 : 0.4%
	(2)	**시**공비 : 25%
	(3)	**유**지관리비 : 74%
	(4)	**해**체비+폐기처분비 : 0.6%
		(합계 : 100%)
	6	**LCC + VE + CALS 필요성 [공품원안환]**
	(1)	**공**정관리
	(2)	**품**질관리
	(3)	**원**가관리
	(4)	**안**전관리
	(5)	**환**경관리
	7	**GIS 종류 : Geo-Information System**
	(1)	**위**치정보 – 상대위치, 절대위치
	(2)	**특**성정보 – 도형, 영상, 속성
	(3)	**GIS** 활용
		1) **토**지정보체계 (Land Information System) – LIS
		2) **지**리정보체계 (Geographic Information System) – GIS
		3) **측**량정보체계 (Surveying Information System) – SIS
		4) **교**통정보체계 (Transportation Information System) – TIS
		5) **해**양정보체계 (Marine Information System) – MIS
		6) **지**하정보체계 (Underground Information System) – UIS

| 8 | FTM 정의 + 특징 : 조기착공계약 |

   (1) **개요**

   설계. 시공병행방식을 FTM(Fast Track Method)이라 한다.

   (2) **특징**

   - **부**실공사 우려가 크다.
   - **총**공사비 추정이 어렵다
   - **설**계변경이 다수발생한다

| 9 | 원가경비 세비목(직비 + 간비) |

   (1) **직**접비 : 재료비, 노무비, 직접경비

   (2) **간**접비 : 부대비(가설비, 안전관리비, 시험비등), 현장관리비

| 10 | 공정관리 기능(통 + 개) |

   (1) **통**제기능
   (2) **개**선기능

   → Action → Plan → Do → Check → Action (PDCA 순환)

10-1 공정관리 역할

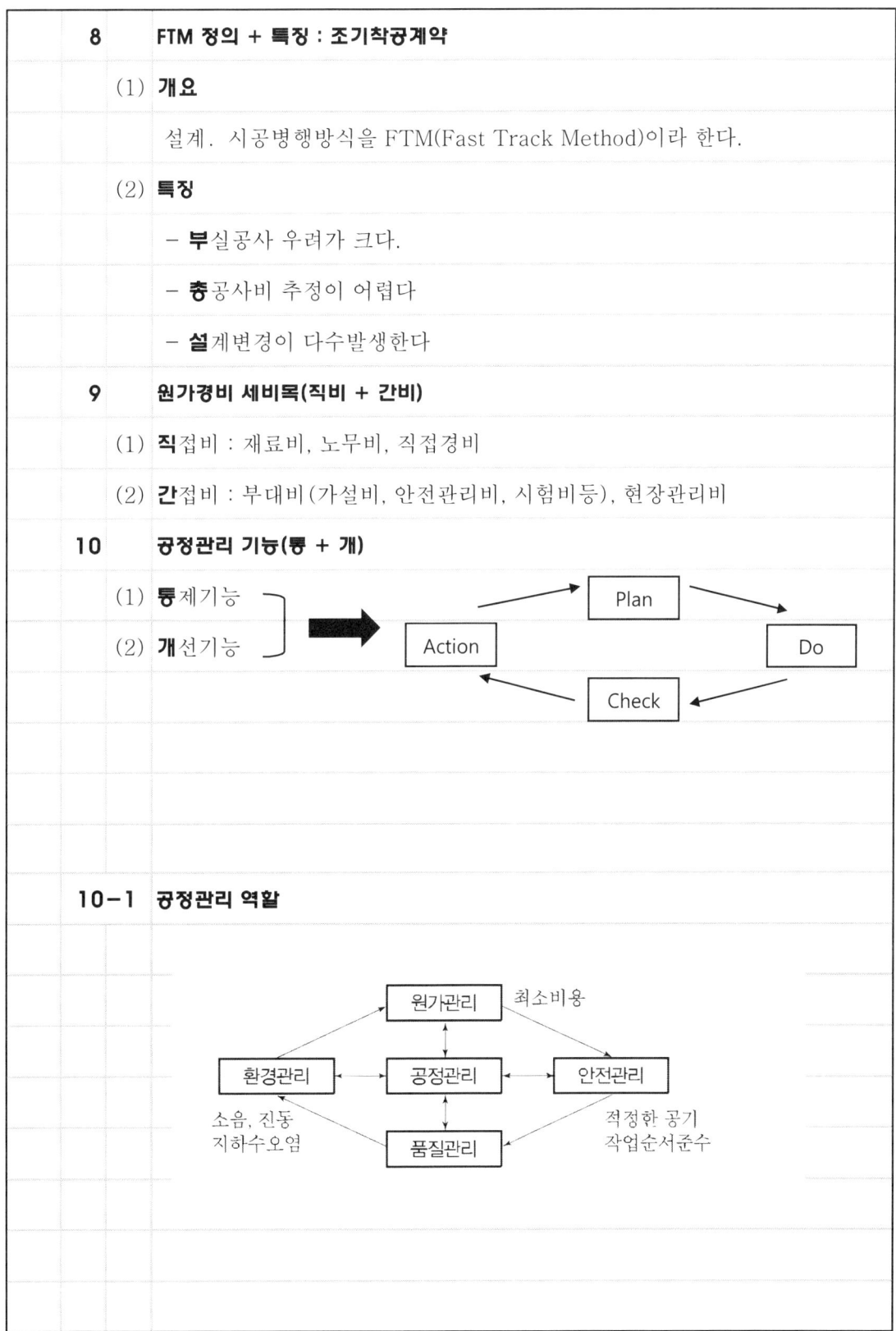

- 원가관리 : 최소비용
- 환경관리 : 소음, 진동, 지하수오염
- 공정관리
- 안전관리 : 적정한 공기, 작업순서준수
- 품질관리

11 실적공사비와 표준품셈방식 비교

(1) **정의** : 품셈을 이용하지 않고 기시공된 계약단가를 유사공사의 예정가격으로 산정하는 방식

(2) **실적공사비 및 품셈제도 비교**

구분	품셈제도	실적공사비 제도
내역서 작성방식	설계자 및 발주기관에 따라 상이함	표준분류체계인 "수량산출기준"에 의해 내역서 작성 통일
단가산출방법	품셈을 기초로 원가계산	계약단가를 기초로 축적한 공종별 실적 단가에 의해 계산
직접공사비	재·노·경 단가 분리	재·노·경 단가 포함
간접공사비(제경비)	비목(노무비 등)별 기준	직접공사비 기준
물가변동	품목조정방식, 지수조정방식	지수조정방식(공사비지수 적용)

(3) **실적공사비 제도의 기대효과**

1) **기**술경쟁에 의한 적정 시장가격 형성유도

2) **무**분별한 저가입찰을 방지하고 건전한 입찰풍토 조성

3) **물**가변동에 의한 계약금액조정등 계약관련 업무의 효율성 제고

4) **견**적기간 단축

(4) **실적공사비 제도의 문제점**

1) **예**정가격 하락으로 수익성 악화

2) **실**제 경기반영의 미비

3) **낙**찰률 하락에 따른 저가입찰로 계속적인 실적공사비 단가하락

4) **부**실공사가 우려된다

12 Claim원인(5가지)+해결방법(5가지)+설변조건(5가지)+설변절차

(1) Claim**원인**(=설변조건)

1) **발**주자가 공사수행 독촉하는 행위

2) **발**주자가 추가공사지시

3) **공**사내용을 변경해서 지시한 경우

4) **천**재지변으로 인한 추가공사비

(2) **Claim해결방법**

    1) **발**주자와 시공자 합의 해결

    2) **소**송, 민사소송 → 손해배상

    3) **건**설 분쟁조정 위원회

    4) **하**도급 분쟁조정 위원회

    5) **대**한상사 분쟁조정 위원회

    6) **조**달청 분쟁조정 위원회

13 설계변경조건

1) **설**계서의 누락, 오류

2) **현**장조건과 설계서가 상이한 경우

3) **발**주처의 요청에 의한 설계변경

4) **신**기술과 신공법에 의한 설계변경

(1) **설변절차**

    1) **설**계변경

    2) **계**약변경요청

    3) **합**의서, 추가도급계약서 제출

    4) **계**약변경

    5) **계**약변경 통지

설계변경 ➡ 계약변경 요청 ➡ 합의서·추가도급계약서 제출 ➡

계약변경(추가도급계약체결) ➡ 계약변경 통지

14	CM업무내용[공품원안환]	
	(1)	건설공사의 **기**본구상 및 타당성조사 관리(계약관리, 설계관리)
	(2)	건설공사의 **사**업비관리
	(3)	건설공사의 **공**정관리
	(4)	건설공사의 **품**질관리
	(5)	건설공사의 **안**전관리
	(6)	건설공사 **사**업정보관리
	(7)	그 밖에 당해 **건**설사업관리 용역계약에서 정하는 사항
15	공사계약금액 조정법 2가지	
	(1)	**물**가변동으로 인한 계약금액의 조정
	(2)	**설**계변경으로 인한 계약금액의 조정
16	유해+위험방지 계획서 작성대상공종	
	(1)	**터**널공사 1종+2종 시설물이다.
	(2)	**경**간장이 50m이상인 교량공사
	(3)	**다**목적댐, 발전용댐, 지방 상수도 전용댐공사
	(4)	**굴**착공사(깊이 10m이상)
	(5)	**건**축공사(31m이상)
	(6)	**건**축공사(연면적3만㎡이상)
17	SOC사업 갈등해결 방법	
	(1)	**교**통수요 예측의 신뢰성 위한 → 기초 통계자료조사
	(2)	**국**가 교통 DB를 정기적으로 검증
	(3)	**전**문인력+공공기관+학계+민간이 전문가 협의체 구성
	(4)	**담**합방지
	(5)	**우**선협상자 선정시에 → PQ사전자격심사제도 반영
	(6)	**정**부 재정지원금액으로 공정성과 투명성 유지

건설기계

Construction Equipment

3장 건설기계

	1	**토공장비 계획(조합) 5단계**
굴		(1) **굴**착기계(Shovel계 굴착장비)
파		1) **P**ower Shovel
백		2) **B**ackhoe → $Q = 3600\,q\,k\,f\,E\,/\,cm(초)\ (m^3/hr)$
D		3) **D**ragline
C		4) **C**lamshell
적		(2) **적**재기계 : Power Shovel + Backhoe + Dragline + Clamshell
운		(3) **운**반기계
불		1) **Bul**ldozer : 70m
스		2) **S**craper : 70~500m $Q = 60\,q\,f\,E\,/\,cm(분)\ (m^3/hr)$
덤		3) **Dum**p Truck : 500m 이상
정		(4) **정**지기계 : Grader
다		(5) **다**짐기계
		1) **전**압식(점성토) 2) **진**동식(사질토) 3) **충**격식(구조물 뒷채움)
	2	**작업효율(장비 가동율) 향상 대책**
운		(1) **운**전원의 사기진작 : 능률급, 수당지급 등
진		(2) **진**입로 정비(Access Road) : 진입로는 왕복 2차선으로 한다.
정		(3) **정**비(일상정비) : 대기시간이 없도록 한다.
S		(4) **S**pare Part(기름+유압+넝마+타이어 등) : 특히 임대장비도 공급

	3	**토공기계 선정시 고려할 토질조건**	
트래	(1)	**Tra**fficability	
		1) 흙의 종류나 함수비에 의해 달라지는 주행성능으로서	
		2) Cone 지수로 나타내며 Cone Penetrometer로 측정한다.	

		NO	장 비 종 류	qc(kg/cm²)
초	2	1	**초**습지 도져	2
습	3	2	**습**지 도져	3
중	5	3	**중**형 도져	5
대	7	4	**대**형 도져	7
덤	12	5	**D**ump Truck	12

리	(2)	**Ri**pperbility	
		1) Dozer에 Ripper를 달아 굴착할 수 있는지의 여부	

		장 비 종 류	탄성파 속도(km/sec)
21	1.5	Ripper Dozer (**21**Ton)	**1.5** 이하
32	2.0	Ripper Dozer (**32**Ton)	**2.0** 이하
43	2.5	Ripper Dozer (**43**Ton)	**2.5** 이하

암	(3)	**암**괴의 크기	
		1) 암괴가 조밀한가 전석인가의 여부를 판정하여 폭파 또는 Ripper로 제거할 것인가를 고려한다.	
다	(4)	**다**짐장비	
		1) 토질별(점성토,사질토,암버럭) 고려하여 선정	
	4	**건설기계 선정시 고려사항**	
시	(1)	**시**공성	
경	(2)	**경**제성	
표	(3)	**표**준기계로 선정 : 표준기계가 특수기계보다 구입, 임대, 유지관리, 전매 등이 유리하다.	

대		(4) **대**규모 공사에는 용량이 큰 표준기계로 선정한다.	
기		(5) **기**계의 용량과 용량비	
	5	**장비조합 원칙**	
조	감	(1) **조**합작업의 **감**소화	
작	균	(2) **작**업능력의 **균**형화	
조	병	(3) **조**합작업의 **병**렬화	
	6	**건설기계의 관리 선정원칙**	
전		(1) **전**용성이 크고	
범		(2) **범**용성이 큰 장비로써	
고		(3) **고**장이 나지 않도록 관리하고	
휴		(4) **휴**지나 대기시간없이 장비가동률을 높이며	
정		(5) **정**비를 잘 해야 한다.	
	7	**건설기계경비의 구성**	
		(1) **기**계 손료	연간 상각비 : 정액법, 정률법, 비례법 상각
			정기 정비비
			현장 수리비
			기계 관리비 : 보험료, 보관비. 세금
		(2) **운**전 경비	운전원 인건비 : Operator
			연료비 : 유대 – 경유, 휘발유, 오일등
			소모품비 : 타이어, 넝마등
			Spare Parts : 기타 부속품비
		(5) **운**반비	트레일러 운반비
		(6) **조**립비	조립에 필요한 간접 인건비
		(7) **해**체비	해체에 필요한 간접 인건비

8	장비 주행저항	
	(1) **진**동저항	
	(2) **경**사저항	for Trafficability 관련
	(3) **공**기저항	
	(4) **가**속저항	

CHAPTER 04

토공
Earth Work

4장 토 공

	1	**지반조사** <= 토취장 개발. 연약지반
	(1)	**예비조사**
		1) 자료조사
		① **지**반조사 ⑤ **인**접 구조물 조사
		② **토**질조사 ⑥ **지**하 매설물 조사
		③ **지**하수조사
		④ **지**형조사
	(2)	**본조사**
P		1) 현장시험 ① **P**BT(Plate Bearing Test)
S		② **S**PT(Standard Penetration Test)
S		③ **S**ounding
흙		2) 실내시험 ① **흙**분류시험 − 사질토 : 입도시험 − Cu, Cc
		− 점성토 : 연경도(Atterberg Limits−PI, LL, PL, SL)
토		② 토성시험 : 함수비(ω), 비중(Gs), 밀도(r_d, r_{dmax})
강		③ **강**도시험 : 1축, 3축시험, 직접전단시험
	2	**성토재료의 공학적 성질(구비조건)**
	(1)	**사질토**
지		1) **지**지력이 크고, 침하가 작다.
전		2) **전**단강도가 크다.
동		3) **동**상피해가 없다.
성		4) **성**토재료로 우수하다.
배		5) **배**수가 용이하다.
횡 토		6) **횡**방향 토압이 작다.

		(2) **점성토**
전		1) **전**단강도가 작다.
압		2) **압**축성이 크다.
교		3) **교**란이 발생하면 전단강도가 약화된다.
소		4) **소**성변형(Creep)을 일으킨다.
횡 토		5) **횡**방향 **토**압이 크기 때문에 옹벽 등의 배면토로 좋지 않다.
동 재		6) **모**세관 상승고가 높으며 특히 동결**재**해를 입기 쉽다.
	3	**전단저항각(안식각)에 영향을 미치는 요소**
		= 액상화에 영향을 미치는 요인
상		(1) **상**대밀도
쓰		(2) **입**자의 형상
리		(3) **입**도분포
입		(4) **입**자의 크기(Particle Size)
구		(5) **구**속압력의 영향 ① **하**중지속시간 ③ **과**압밀비
		② **수**평토압계수 ④ **진**동하중의 성질
	4	**액상화 평가방법**
		(1) **액상화 평가방법**
		1) **간**편예측방법
		2) **상**세예측방법
		(2) **액상화 검토대상 지반**
		1) **포**화 사질토 8) **상**대밀도 Dr < 40% 이하
		1) **두**꺼운 충적층 9) **SPT** N치 < 10 이하
		3) **오**래된 하상 10) **소**성지수 PI > 10 이상
		4) **화**산재 11) **세**립토 함량 > 35% 이상
		5) **이**탄 12) **전**단저항각 ϕ < 35° 이하
		6) **불**규칙한 지형
		7) **간**척지, 매립지

	5	**액상화 증상**
부		1) **부**등침하
부		2) **매**설물의 부상
횡		3) 큰 **횡**변위
사 붕		4) **사**면**붕**괴
	6	**액상화 방지대책** => 연약지반 개량공법
	7	**토적곡선(Mass Curve)**
	(1)	**작성목적**
토		1) **토**량배분
평		2) **평**균운반거리 산출
토		3) **토**공기계의 선정
작		4) **작**업배경의 설정
	(2)	**토량배분의 원칙**
운 짧		1) **운**반거리는 시공성을 감안하여 최대한 **짧**게 한다.
높 낮		2) 운반은 **높**은 위치에서 **낮**은 위치로 하게 한다.
집 운		3) 한곳에 **집**토하여 **운**반한다.
	(3)	**토적곡선의 성질**
하 성		1) 곡선의 **하**향구간은 : **성**토구간
상 절		곡선의 **상**향구간은 : **절**토구간
극소 성 절		2) 곡선의 **극소**점(저점) : **성**토구간에서 **절**토구간으로의 변이점
극대 절 성		3) 곡선의 **극대**점(정점) : **절**토구간에서 **성**토구간에의 변이점
대소 2 전토		4) 곡선의 극**대**치와 극**소**치의 차가 **2**점간의 **전토**량을 표시한다.
	(3)	**Mass Curve에 의한 운반장비 선정요령**
불		1) **Bul**ldozer : 70m 이내
스		2) **S**craper : 70~500m 이내
덤		3) **Dum**p Truck : 500m 이상

		8	암버럭쌓기 시공대책 => Rock Fill Dam
공		(1)	**공**극은 돌 부스러기로 채운다.
최		(2)	**최**대입경을 60cm로 하되 $60cm \times 1.5 = 90cm$으로 하는 경우는 시험시공을 해서 결정한다.
다		(3)	**다**짐장비 1) 기진력이 큰 Bulldozer로 하거나 2) 진동 Roller 5~20Ton 이상으로 하되 마무리 두께에 따라서 시방기준에 준하여 다짐한다.
마		(4)	**마**무리층 시공대책 1) Soil Cement로 불투수처리 한다. 2) Concrete를 타설하여 불투수처리 한다.
암	외	(5)	**암**버럭은 **외**측에
기	중	(6)	**기**타 재료는 **중**앙에 포설하고 다진다.
		9	암버럭쌓기 기준
		(1)	**다**짐장비

암버럭 Size	다짐장비
300mm이하	진동 Roller 6 ton
300 ~ 600mm	진동 Roller 13 ton
600mm ~ 1m	진동 Roller 20 ton

(2) **품**질관리 기준

1) **최**대입경   : 600mm

2) **다**짐도   – 일반쌓기(토사) : 포설두께 30cm인 경우

            – 암쌓기 : 포설두께 90cm인 경우

3) **다**짐방법   – 일반쌓기 : 포설두께 30cm인 경우

4) **PBD**의 K치 (노체)

		가. **아스팔트 콘크리트 포장**			침하량 : 지지력계수(K_{30})	
		① 암쌓기 : 1층다짐후의두께90cm인경우 −1.25mm : 200(MN/㎥)				
		② 일반쌓기 : 다짐후의두께30cm인경우 −2.50mm : 150(MN/㎥)				
		나. **시멘트 콘크리트 포장**				
		① 암쌓기 : 1층다짐후의두께90cm인경우 −1.25mm : 200(MN/㎥)				
		② 일반쌓기 : 다짐후의두께30cm인경우 −1.25mm : 100(MN/㎥)				
	10	**절·성토 구배 설계기준** for 표준구배				
		(1) **절토**				

구 분	토 사	리핑암	발파암
표준구배	1 : 1.5	1 : 0.7	1 : 0.5

(2) **성토**

구 분	토 사	모 래	점 토
표준구배	1 : 1.5	1 : 2.0	1 : 3.0

	11	**다짐효과에 영향을 미치는 요인**
함		(1) **함**수비
흙		(2) **흙**(토질)
다 에		(3) **다**짐**에**너지
다 장		(4) **다**짐**장**비
	12	**다짐도 판정방법**
건		(1) **건**조밀도
포		(2) **포**화도 / 공극률
강		(3) **강**도로 규정 1) CBR (California Bearing Ratio) 2) PBT (Plate Bearing Test)
상		(4) **상**대밀도
변		(5) **변**화량 : Proof Rolling
다		(6) **다**짐장비, 다짐횟수

	13	OMC에서 건조측과 습윤측 다짐 비교		
		구 분	건 조 측	습 윤 측
구		1) **구** 조	면모구조	이산구조
투		2) **투**수성	더 크다	작 다
압		3) **압**축성	작 다	크 다
강		4) **강** 도	크 다	작 다
탄		5) **탄**성계수	크 다	작 다
체		6) **체**적팽창	크 다	작 다
파		7) **파**괴시 간극수압	더 작다	크 다
	14	흙의 다짐 공법의 종류		
전	진	충	(1) **전**압식(점성토)	(2) **진**동식(사질토)	(3) **충**격식(구조물 뒷채움)
불			Bulldozer		
로	로	람	Road Roller	진동 Roller	Rammer
			①Tandem Roller		
			②Macadam Roller		
탬	콤	탐	Tamping Roller	진동 Compactor	Tamper
타	타		Tire Roller	진동 Tire Roller	
	15	다짐관리기준 = 흙쌓기 품질관리기준		
		구 분	(1) **노 체**	(2) **노 상**
		다짐두께(cm)	30 이하	20 이하
		재료최대 두께(mm)	300 이하	100 이하
		다짐도 (%)	90 이상	95 이상
		K_{30} **콘**크리트포장	10 이상	15 이상
		(kgf/㎠)**아**스콘포장	15 이상	20 이상
		소성지수 PI		10 이하
		수침 CBR	2.5 이상	10 이상
		Proof Rolling(mm)		5 이하
	16	토공의 취약공종 4가지		

구	(1)	**구**조물 뒷채움 시공대책
편	(2)	**편**절 편성부 절성토부, 경계부 시공대책
종	(3)	**종**방향 흙쌓기 땅깎기
확	(4)	**확**폭구간 접속부 시공대책
구 토	(5)	**구**조물과 **토**공 접속부
	17	**구조물과(Box Culvert+교대) 토공접속부단차원인**
	(1)	**연**약지반처리 불량
	(2)	**재**료
	(3)	**다**짐
	(4)	**배**수
	(5)	**층**따기
	(6)	**구**배설계
	(7)	**동**상방지대책

CHAPTER 05

도로
Road

5장 도 로

	1	**Asphalt Concrete 포장 단면도**
마		마모층(Wearing Course) (3cm)
표		표 층 (Surface Course) (5~7cm)
중		중간층 (Binder Course) (10cm)
기		기 층 (Base Course) (5~10cm)
보		보조기층(Subbase Course) (20cm)
노		노상(Compacted Subgrade) (1 m)
노		노 체(Natural Subgrade)
	2	**Asphalt Concrete의 재료**
아	(1)	석유 아스팔트 : 115kg
골	(2)	골재 굵은 골재 13mm : 1400kg
		잔골재(모래) : 300kg
석	(3)	석분
첨	(4)	첨가재
	3	**Asphalt Concrete 포장 품질관리 항목(결론)**
높	(1)	높이 프루프 (6) Proof Rolling
두	(2)	두께 아스 (7) Asphalt량 : 4~6%
밀	(3)	밀도 온 (8) 온도
함	(4)	함수량 씨 (9) Cement량
입	(5)	입도
	4	**석분의 기능 + 품질규정**
	(1)	석분(Filler)을 넣는 이유
C		1) Cement량을 줄일 수 있다.
I		2) Interlocking 효과 증대

A		3) **A**sphalt 혼합물의 내유동성, 내마모성, 내박리성 개선
밀		4) **밀**도 높은 Asphalt Concrete 포장이 되게 함
	(2)	**석**분의 품질관리 기준
수		1) **수**분 : 0.1% 이하
비		2) **비**중 : 2.6이상 사용
통		3) 0.074mm(#200)체 **통**과량 : 20%
P		4) **P**I : 6이하
흐		5) **흐**름시험 : 50% 이하
박		6) **박**리시험 : 합격
침		7) **침**수팽창 : 3% 이하
	5	**동상**
	(1)	**동**상이 일어나는 조건
흙		1) **흙** : Silt질
온		2) **온**도 : 0℃ 이하
지		3) **지**중수
	(2)	**동**상방지공법
치		1) **치**환공법 : 흙
차		2) **차**단공법 : 지중수
단		3) **단**열공법 : 온도
안		4) **안**정 처리공법 :
	(3)	**동**결지수 : 적산온도의 최대치와 최소치의 차(F)
	(4)	**동**결심도 : $Z = C\sqrt{(F)}$
	(5)	**I**ce Lens
	(6)	**동**상현상(Frost Heave)
	(7)	**연**화현상(Frost Boil)

치   씨
입   석
함   역
다   다

		6	**동해받는 구조물**
		(1)	**상**하수도관
		(2)	**얕**은기초
		(3)	**도**로의 노상
		7	**노상의 지지력 평가 방법**
C		(1)	**C**BR
P		(2)	**P**BT
P		(3)	**P**roof Rolling
M		(4)	**R**esilient Modulus(동탄성계수)
		8	**노체 · 노상 · 기층 · 보조기층의 안정처리공법 종류 5가지**
입		(1)	**입**도조정공법
마		(2)	**Ma**cadam 공법
씨		(3)	**Ce**ment 안정처리 공법
가		(4)	**가**열 Asphalt 안정처리 공법
침		(5)	**침**투식 공법
		9	**아스콘 시험포장 관리사항 + 온도 및 장비관리, 시공관리**

(1) 시험포장 관리사항

진행방향 ->	A	B	C	D	E	F
Macadam Roller	6회	4	2			
Tire Roller	12회	10	8	6cm	6.5cm	7cm
Tandem Roller	6회	4	2			

<-다짐장비,횟수시험-> <- 다짐두께 시험 ->

(2) **온**도 및 장비조합

	구 분	온도관리	장비관리	시공관리
생	생 산	185℃	Mixing Plant	일생산 가능량 고려, 공정관리
운	운 반	170℃	Dump Truck	두겹 Sheet Cover 사용
포	포 설	160℃	Asphalt Finisher	연속포설 준수
다 1 마	1차다짐	144℃	Macadam Roller	낮은 곳 -> 높은 곳
2 타	2차다짐	120℃	Tire Roller	짓이기듯이 -> 밀도향상
마 탄	마무리다짐	60℃	Tandem Roller	요철, 바퀴자국 제거, 평탄성 향상

10 **아스콘 포장 파손형태**

(1) **주**로 노면 성상에 관한 파손

   1) **국**부적 균열 : 균열

   2) **단**차

   3) **변**형 ┌ 소성변형(Plastic Deformation = Rutting)
   │ 종단방향의 요철 (파상요철)
   │ Corrugation
   │ Bump
   │ 침하
   └ Flush (아스팔트 스며나옴현상)

   4) **마**모 ┌ Ravelling
   │ Polishing
   └ Scaling

   5) **붕**괴 ┌ Pot Hole, Chuck Hole
   │ Stripping(박리)
   └ Aging(노화)

   6) **타**이어 자국

			7) **표**면의 부풀음 현상
		(2) **주**로 구조에 관한 파손	
			1) **균**열(Crack) : 거북등균열(Alligator Crack), 지도균열(Map Cracking)
			2) **포**장의 융기
	11		**Asphalt Concrete 포장의 파손 원인**
		(1) **A**sphalt Concrete 혼합시 나타나는 원인	
품			1) 혼합물의 **품**질불량 : 미세균열(Hair Crack), 소성변형(Rutting)
혼			2) 혼합물의 **혼**합불량 : 종단방향 요철, Flushing, Scaling, Pothole
열			3) Asphalt **열**화 : 노화(Aging)
친			4) 골재와 Asphalt의 **친**화력 부족 : 박리(Stripping)
		(2) **A**sphalt 혼합물의 운반, 포설, 다짐시 원인	
온			1) **온**도관리 불량
다			2) **다**짐불량
P			3) **P**rime Coating
T			4) **T**ack Coating
		(3) **A**sphalt Concrete 시공시 원인	
생			1) **생**산 : Asphalt Mixing Plant (185℃) 일생산량 고려
운			2) **운**반 : Dump Truck 두겹Sheet Cover
포			3) **포**설 : Asphalt Finisher (170℃) 연속포설
다	1	마	4) **다**짐 1) 1차 전압 : Macadam Roller (144℃) 낮은곳 → 높은곳
	2	타	2) 2차 전압 : Tire Roller (120℃) 밀도향상(주다짐)
	마	탄	3) 마무리다짐: Tandem Roller (60℃) 요철부, 바퀴자국 제거
		(4) **A**sphalt Concrete 포장의 파손 원인	
지			1) **지**지력(노상) 부족
교			2) **교**통량 증가

포		3) **포**장두께 부족	
	(5)	**A**sphalt Concrete 포장전의 파손 원인	
구		1) **구**조물 뒷채움	
편		2) **편**절.편성구간의 포장 파손	
종		3) **종**방향 절.성토 시공	
확		4) **확**폭구간 시공	
구 토		5) **구**조물(교대)과 **토**공접속부의 단차	
	12	**소성변형의 원인 및 대책 => 아스팔트 포장**	
	(1)	**소**성변형의 원인	

	1) **내**적원인	2) **외**적원인
	아스팔트의 물성	**외**기온도
	골재의 최대치수	**교**통하중
	배합설계 불량	**교**통상태 : 정체상태
	시공불량(다짐 및 온도관리)	**지**형 : 교차로 앞

	(2)	**소**성변형 방지대책	
		⎧ **아**스팔트 침입도 : 60 ~70 사용 ⎫	
		⎪ **굵**은 골재 : 13 ~19mm ⎪	
		⎨ **마**샬다짐횟수 : 75회, 안정도 : 750kg ⎬	
		⎪ **회**수 Dust량 : 30%이하 ⎪	
		⎩ **고**온시(여름철) : 작업중단 ⎭	
		생산 -> 운반 -> 포설 -> 다짐의 전과정에 걸쳐 정밀시공	
	13	**Asphalt Concrete 포장 보수방법**	
패	(1)	**Pat**ching	1) Seal Coat
표	(2)	**표**면처리(Surface Treatment)	2) Armor Coat
오버	(3)	**Over**lay : 덧씌우기	3) Carpet Coat
재	(4)	**재**포장	4) Fog Seal 5) Slurry Seal

절	(5)	**절**삭 Milling	
리	(6)	**Re**cycling(재생공법)	1) Repave
충	(7)	**충**전	2) Remix
절	(8)	**절**삭 Overlay	3) Reshape
전	(9)	**전**면 재포장	

	14	도로포장 배수공법 : (노체) 성토부의 배수공법	
표	(1)	**표**면배수	
지 보	(2)	**지**하배수 : Filter 재료설치	1) **보**조기층 배수
노			2) **노**상배수

	15	친환경 포장공법
	(1)	**배**수성 포장
	(2)	**투**수성 포장
	(3)	**차**열성 포장
	(4)	**보**수성 포장

	16	교면포장공법의 종류	교면 포장용 아스콘혼합물
	(1)	**개**질 Asphalt	
	(2)	**Gu**ss Asphalt	
	(3)	**E**poxy 수지 포장	
	(4)	**A**sphalt Concrete 포장(연성포장)	
	(5)	**L**MC(Latex Modified Cement Concrete) 포장	
	(6)	**Ce**ment Concrete 포장(강성포장)	

17. 개질Asphalt의 종류
1) **S**BS 개질 아스팔트
2) **S**BR **L**atex 개질 아스팔트
3) **폐**타이어 고무 아스팔트
4) **Gil**sonite
5) **Ca**mcrete

	18	Cement Concrete 포장 단면도
콘		Concrete Slab (30cm)
린		Lean Concrete 기층 (15cm)
보		보조기층 (15cm)
노		노 상 (1m)
노		노 체 ( )
	19	콘크리트 포장의 종류
		(1) **J**CP : Jointed Concrete Pavement 용어
		(2) **J**RCP : Jointed Reinforced Concrete Pavement
		(3) **C**RCP : Continuously Reinforced Concrete Pavement
		(4) **P**TCP : Post-Tensioned Concrete Pavement ⎤ 용어
		(5) **R**CCP : Roller Compacted Concrete Pavement ⎦
	20	콘크리트 포장 시공 순서별 투입장비 기술
생		(1) **생**산 : Concrete Batch Plant
운		(2) **운**반 : Dump Truck
포		(3) **포**설 : 1) 1차 : Spreader
		2) 2차 : Slip Form Paver
다		(4) **다**짐 : Concrete Finisher
마		(5) **마**무리(평탄마무리)
양		(6) **양**생
초	삼피	1) **초**기양생(**삼**각지붕+**피**막양생)
후	습피	2) **후**기양생(**습**윤양생+**피**막양생)
줄	세	(7) **줄**눈 1) **세**로줄눈
	가팽	2) **가**로팽창줄눈
	가수	3) **가**로수축줄눈
	시	4) **시**공줄눈

21	혹서기 콘크리트포장 시공					

(1) **무**근 콘크리트 포장 시방기준(최적배합)　　　　　　배합표준

설계기준 휨강도	굵은골재의 최대치수	침하도(S) 슬럼프	공기량 (%)	단위수량 (kg)	단위시멘트량 (kg)
4.5MPa	40mm	30mm 25mm	4	150이하	280~350

(2) **품**질기준

　1) **비**비기 : 가경식 믹서 -> 1분 30초, 강제식 믹서 -> 1분

　2) **운**반시간 : 30분(서중)

　3) **깔**기 : Concrete Spreader, Concrete Finisher

　　　　　-> 더돋기 높이 15% X Slab 두께

　4) **다**지기 : Concrete Finisher, Slip Form Paver

　5) **표**면마무리 : 초벌 마무리, 평탄 마무리, 거친 마무리

　6) **양**생 : 표면 마무리 -> 차량통과시까지 주의

22	콘크리트 포장의 파손 형태

(1) **무**근 콘크리트 포장 : 피로균열

　1) **가**로(세로) 균열 + 피로균열

　2) **우**각부 균열

　3) **침**하 균열

　4) **구**속 균열

　5) **압**축 균열

　6) **줄**눈부 단차

　7) **Ra**velling

　8) **Pol**ishing

　9) **S**caling

　10) **Pum**ping

			11) **S**palling
			12) **B**low Up
			13) **S**lab 저면에 도달하지 않는 균열
			14) **S**lab 저면에 도달한 균열
			15) **S**lab의 들어올림
			16) **구**조물 부근의 요철 및 단차
			17) **종**단방향의 요철
			18) **줄**눈재의 파손
			19) **줄**눈 단부의 파손
			20) **공**동(Cavity)
		(2)	**철**근 콘크리트 포장
			21) **국**부 균열
			22) **횡**방향 균열
			23) **Pun**ch out
			24) **철**근파단
	23		**콘크리트 포장의 보수공법**
주		(1)	**줄**눈 및 균열부의 주입
P		(2)	**P**atching
표		(3)	**표**면처리
부		(4)	**부**분 재포장
주		(5)	**주**입공법
덧		(6)	**덧**씌우기(Overlay)
전		(7)	**전**면 재포장

CHAPTER 06

기초
Foundation

6장 기 초

1 기초 공법의 종류

(1) **직접(Footing) 기초 : 5m이하**

1) **독**립기초
2) **연**속기초
3) **캔**틸레버식 기초
4) **복**합기초
5) **전**면기초

(2) **말뚝(Pile) 기초 : 탄성기초**

1) **재**료에 의한 분류 : 목재 Pile < RC Pile < PC Pile < 강관 Pile

2) **타**입식 말뚝 : 항타식

① **D**rop Hammer
② **S**team Hammer
③ **Di**esel Hammer
④ **Vi**bro Hammer : 진동식
⑤ **유**압 Hammer : 압입식

3) **매**입 말뚝 - 저소음, 저진동

① **P**reboring(내부굴착공법)
② **중**굴공법(강관말뚝 Only)
③ **SI**P(Soil Cement Injected Precast Pile) 공법
④ **SA**IP(Special Auger Injected Precast Plie) 공법
⑤ **S**DA(Separated Dough-nut Auger) 공법
⑥ **P**RD(Precussion Rotary Drill) 공법 : 내부굴착공법

4) **현**장타설 말뚝

ⓐ **기**계굴착공법
 ① BENOTO (80m) ϕ 1.5m
 ② RCD(200m) →암반가능, 단층파쇄대구간
 ③ Earth Drill(60m)

ⓑ **인**력굴착공법
 ① 심초공법

		(3) **Caisson 기초(강성기초)**		
O		1) **O**pen Caisson(50m)	: 정통기초, 우물통기초	
B		2) **B**ox Caisson	: 항만의 안벽, 방파제	
P		3) **P**nenmatic Caisson(35m) : 공기 케이슨		
		(4) **특수기초**		
		1) **강**관 Sheet Pile식		
		2) **다**주식		
		3) **S**lurry Wall(지중 연속벽)		
	2	**장대교량(60M이상) 기초공법**		
		(1) **기**성말뚝 기초 ─────────→	RC Pile	
		(2) **현**장타설 말뚝 기초 ──→	BENOTO	PC Pile
			RCD	PHC Pile
			Earth Drill	H-Pile
			심초	강관 Pile
		(3) **우**물통(Caisson) 기초 →	Open Caisson	
			Box Caisson	
			Pneumatic Caisson	
	3	**기성말뚝 기초 시공관리 (시공계획서)**		
인		(1) **인**원배치도(조직표)		
타		(2) **타**입공법		
이		(3) **이**음의 용접방법		
공		(4) **공**사용 기구		
가		(5) **가**설비 계획		
말		(6) **말**뚝배치도 박기순서		
공		(7) **공**정표		
공		(8) **공**해 및 안전대책		

시	(9)	**시**공기록(항타일지)			
박	(10)	**박**기틀 도괴방지 대책			
	4	**기성말뚝 기초(RC+PC+PHC+H+강관말뚝)의 선정기준**			
		No	시공조건	RC	PC + PHC	강관
말		1	**말**뚝직경(cm)	40	50	80
밑		2	**밑**넣기 깊이(m)	20	25	50
허		3	**허**용지지력(ton)	30	90	160
지		4	**지**지말뚝	적합	적합	적합
지		5	**지**지층 깊이(30~60m)	불가	불가	최적
지		6	**지**지층 경사(30'이상인경우)	불리	불리	유리
중		7	**중**간층(N=30~50)	불리	불리	유리
지		8	**지**하수 영향	문제없음	문제없음	문제없음
지		9	**지**중의 유해가스 발생	있음	있음	있음
수		10	**수**상시공	가능	가능	가능
소		11	**소**음,진동	크다.	크다.	크다.
작		12	**작**업공간이 좁은 경우	불리	불리	유리
인		13	**인**접 구조물 영향	크다.	크다.	작다.
	5	**파일 항타(말뚝 박기)전 준비사항**			
타	(1)	**타**입발판의 정비			
말	(2)	**말**뚝의 위치 측량			
말	(3)	**말**뚝의 보관			
해	(4)	**해**머의 점검, 정비			
말	(5)	**말**뚝박기틀의 정비			
부	(6)	**부**속기기의 정비			
C 용		① **C**AP ③ **용**접기			
C 절		② **C**ushion ④ **절**단기			

		6	**시험항타의 목적**
해		(1)	**해**머의 용량확인
틀		(2)	박기**틀**, Cap, Cushion 검토
이		(3)	**이**음의 방법
용		(4)	**용**접공의 적성검사
정		(5)	**시**공정밀도의 확인
박		(6)	**박**기 깊이 결정
파		(7)	**두**부파손 유무확인
지		(8)	**지**지력의 추정
		7	**파일 항타시 시공시 주의사항** **기성말뚝박기시 주의점**
무		(1)	Drop Hammer의 **무**게 : Pile중량의 1~3배
낙		(2)	Drop Hammer의 **낙**하고 : 2m 이하
축		(3)	위치의 이탈이나 **축**선의 경사 : 1) 위치 이탈 : D/4 2) 경사 : 1/100 이내
타		(4)	말뚝의 **타**입 : 설계지지력이 얻어질 때까지
설		(5)	**설**계지지력이 얻어지지 않을 때 : Pile길이 증가, Pile단면 변경
1	타	(6)	**1**회 타입관입량 : 2mm 이하
충	타	(7)	**충**타격 제한횟수 1) RC Pile : 1000회
			2) PC Pile : 2000회
			3) 강관 Pile : 3000회
두	절	(8)	**두**부의 절단 : 1) Band로 감고 2)기계로 절단한다.
		8	**H-Pile의 특징**
가		(1)	강관말뚝보다 **가**격이 20~30% 싸다
조		(2)	흙막이 배제량이 작기 때문에 **조**밀하게 박을 수 있다.
소		(3)	무게가 가벼워서 박기, 취급을 **소**형의 기계로 할 수 있다.
이	확	(4)	말뚝의 **이**음이 확실하고
길	조	(5)	말뚝의 **길**이를 조절하기 쉽다.

	9	(교대)경사말뚝의 특징	
		(1) 경사말뚝의 특징	
			1) **경**사각 유지곤란
			2) **시**공시간이 과다소요
			3) **시**간 및 비용증가
			4) **주**변구조물에 영향을 미칠수 있음
			5) **수**평저항력이 크다
			6) **교**각 말뚝기초에 사용한다.
		(2) 경사말뚝의 시공	
			1) **교**대기초
			2) **돌**핀(Dolphin) 기초
			3) **잔**교
	10	강관말뚝의 특징	
폐		(1) 전 방향이 등강성이며, **폐**합단면이므로 휨강성이 크다.	
겉		(2) 강재 단위중량의 단면계수, 외주면적, 선단의 **겉**보기, 밑면적등의 공학적 특성이 H-Pile보다 우수하다.	
수		(3) 단면의 휨강성이 H-Pile보다 크므로 **수**평저항력이 크다.	
사		(4) **사**항의 시공시에는 강관말뚝이 좋다.	
	11	강말뚝의 부식방지 대책	
전		(1) **전**기방식(이 경우 말뚝의 수명 10배 증가)	
두		(2) **두**께 증가시키는 방법	
도		(3) **도**장에 의한 방법	
콘	피	(4) **Con**crete로 **피**복하는 방법	
	12	말뚝이음공법 4가지	
밴	용	(1) **Ban**d식	(3) **용**접식
충	볼	(2) **충**전식	(4) **Bol**t식

	13	이음부의 위치
단	(1)	**단**면에 여유가 있고
부	(2)	**부**식의 영향이 적은 위치에 한다.
내 확	(3)	**내**구성이 **확**보되어야 한다.
	14	이음부의 조건
본	(1)	압축, 인장 및 휨강도가 Pile**본**체와 같아야 한다.
내	(2)	**내**구성이 있어야 한다.
상	(3)	**상**하 Pile의 단면이 일치(축선이 일치)
시 공	(4)	**시**공이 용이하고 신속
허	(5)	이음의 방법과 개소수에 따라 **허**용 응력도를 줄인다.
감	(6)	이음에 의한 허용응력도의 **감**소율은 타입말뚝 감소율의 1/2로 본다.
	15	말뚝의 파손 형태
압	(1)	**압**축파손
전	(2)	**전**단파손
횡	(3)	**횡**균열
종	(4)	**종**균열
선 국	(5)	**선**단파손 (폐단 + 개단 말뚝) (6) **국**부좌굴
	16	기성말뚝의 하자(두부파손) 원인 국부좌굴+종방향균열 등 원인
강	(1)	**강**도 부족
편	(2)	**편**타
축 선	(3)	Hammer와 말뚝의 **축**선의 불일치
쿠 션	(4)	**Cu**shion두께의 부족
용 접	(5)	**용**접불량
과 대	(6)	연약지반에서의 **과**대한 충격
장 애물	(7)	**장**애물로 인한 편타
취 급	(8)	말뚝의 **취**급불량(운반,보관)

17	말뚝 파손의 대책 = 파일 항타시 시공시 주의사항
18	말뚝 중심간격 및 배열
	(1) 말뚝사이의 간격
	최소 말뚝직경의 2.5배 이상(2.5D)이고, 기초판 측면과 바깥쪽 말뚝중심의 간격은 말뚝직경의 1.5배 이상
	(2) 배열
	연직하중의 작용점에 대칭으로 각 말뚝의 하중분담율이 큰 차이가 나지 않도록 해야함.
19	개단말뚝과 폐단말뚝 → 말뚝폐색효과
	(1) 폐색(Plugging)효과에 영향을 미치는 요인
	1) **지**지층의 구성 4) **조**립토의 Cu, Cg
	2) **세**립토의 연경도 5) **세**립토 지빈정수 C, ϕ
	3) **S**PT의 N치
	(2) 폐색의 정도를 판단하는 기준 for 계단말뚝
	1) **관**내토 길이의 비 : PLO(Plug Length Ratio)
	2) **관**내토 증분비 : IPLR(Incremental Plug Length Ratio)
	3) **지**지력비 : BCR(Bearing Capacity Ratio)
	(3) 개단말뚝과 폐단말뚝의 비교(차이점)
	1) **개단**말뚝 **타**입이 쉽다.
	지지층에 충분히 관입이 된다.
	직경이 크다.
	선단 지지력이 작다.
	2) **폐단**말뚝 **선**단 지지력이 크다.
	눌려 찌그러지는 경우가 많다.
	Rebound가 많고 관입이 곤란한 경우가 있다.

	20	배토말뚝과 비배토말뚝	
		(1) **배토**말뚝	1) **타**격
			2) **진**동으로 박는 폐단기성말뚝
			3) **P**HC Pile
		(2) **소배토**말뚝	1) **H**말뚝
			2) **선**굴착 최종항타말뚝
		(3) **비배토**말뚝	1) **중**굴말뚝
			2) **선**굴착 시멘트풀 주입말뚝
			3) **현**장타설말뚝
	21	말뚝의 지지력 감소원인	
압		(1) **말**뚝재료의 압축응력 : RC Pile (200) PC Pile (300)	
		PHC Pile (800) 강관 Pile (1000)	
이		(2) **이**음방법에 의한 감소 : Band식, 충전식, 용접식, Bolt식	
세		(3) **세**장비(λ=D/L)에 의한 감소	
부		(4) **부**의 주면마찰력 (Negative Skin Friction)	
군		(5) **군**말뚝 시공의 영향 – 지중응력 중복	

	22		현장타설 콘크리트 말뚝기초 공법선정시 고려사항			
		No	선정기준	BENOTO(베)	RCD(알)	Earth Drill(어)	심초(심)
적		1	적용토질	N=75정도까지	N=75정도까지	N=75정도까지	Scoupe로 팔수 있는 정도 지반
암		2	암반굴착	불가	가능	불가	Breaker착암기로 굴착가능
구		3	구경	2m까지	6m까지	2m까지	4.6m까지
굴		4	굴착능력	50m	80~200m	30m	말뚝지름*10배
느		5	느슨한 세사층	불가	가능	가능	불가
피		6	피압수가 있는 경우	가능	가능	가능	불가
복		7	복류수가 있는 경우 굴착여부	가능	가능	가능	가능
사		8	사면말뚝	10m까지 가능	불가	불가	불가
수		9	수상시공	불리	가장유리	불리	불가
지		10	지지층 경사 암반의 시공	30'	30'	30'	가장유리
작		11	작업공간이 좁은 곳	불가	가장유리	불가	가장유리
말	선	12	말뚝선단의 연약성향	다소 있음	다소 있음	다소 있음	다소 있음
공		13	공벽붕괴	붕괴없음	0.2kg/㎠ 정수압 유지	안정액 관리 붕괴없음	붕괴가 거의 없음
S		14	Slime처리	가능	가능	가능	Slime 없음
보		15	Boiling	공내수압으로 누른다	공내수압으로 누른다	안정액으로 누른다	양수압에 의해서 지반이 느슨함
철		16	철근과함께 오름의 유무	있음	없음	없음	없음
굴		17	굴착방식	Casing Tube	회전 Bit	회전식 Bucket	인력 Bucket
				Hammer Grab	Suction Pump		
공		18	공벽보호방식	Casing Tube	정수압 0.2kg/cm2	Bentonite 안정액	Concrete타설 정도면 가능
소	우	19	소음,진동 우물의 갈수오염	없음	없음	없음	없음
수		20	수질오탁방지법	pH처리요	pH처리요	pH처리요	pH처리요

	23	현장타설 콘크리트 말뚝기초 시공순서　　　　　for RCD
		(1) **굴**착
		(2) **S**lime 제거
		(3) **철**근망 설치
		(4) **2**차 Slime 제거
		(5) **T**remie관 설치
		(6) **수**중 콘크리트 타설
	24	**현장타설말뚝에서 희생강관의 기능(역할)**
		(1) **공**벽붕괴방지
		(2) **지**지력 증가
	25	현장타설 콘크리트 말뚝기초 시공관리 항목
말선		(1) **말**뚝 **선**단지반의 연약성향
말주		(2) **말**뚝 **주**변지반의 연약성향
공		(3) **공**벽 붕괴
수		(4) **수**중 콘크리트의 문제점 3가지
		1) **S**lump 저하
		2) **재**료분리
		3) **공**극
S		(5) **S**lime 불완전 제거에 의한 지지력 저하
철		(6) **철**근과 함께 오름(공상)의 유무(BENOTO Only)
	26	**Open Caisson 시공관리 순서**
개		(1) **개**요
시		(2) **시**공순서(준비공→거치→구체축조→굴착→지지력확인→Con'c)
특		(3) **특**징
거		(4) **거**치공
굴		(5) **굴**착침하공

편	(6)	**편**기의 원인 + 대책	
침	(7)	**침**하촉진 공법 : F + 표 + A + W + 집 + 폭 + 전	
저	(8)	**저**반 Concrete 타설 : 300kg/m³	
속	(9)	**속**채움 Concrete 타설 : 180kg/m³	
정	(10)	**정**반 Concrete 타설 : 240kg/m³	
	27	**(케이슨)주면마찰력 감소대책 = Caisson의 침하촉진 공법**	
F	(1)	**F**riction Cut	
표	(2)	콘크리트 표면에 특수 **표**면활성제를 도포하는 방법	
A	(3)	**A**ir Jet → 초고압공기 → 주면흙 교란	
W	(4)	**W**ater Jet → 초고압수 → 주면흙 교란	
집	(5)	**집**수 → 물선반	
폭	(6)	**폭**파방법 → 소량 화약사용(케이슨손상 주의)	
전	(7)	**전**기집수방법 → 주면지반 연약화	
	28	**말뚝의 (허용)지지력 산정방법 : 축방향 지지력**	
	(1)	**정**역학적 방법	1) Terzaghi공식
	(2)	**동**역학적 방법	2) Meyerhof공식
	(3)	**현**장시험에 의한 방법 :	1) 표준관입시험(SPT)
		[원위치 시험]	2) 정적콘관입시험(CPT)
			3) 공내재하시험(Pressuremeter Test)
	(4)	**재**하시험	
		1) 압축재하시험	ㄱ. 사하중 재하방법
		① 정재하시험	ㄴ. 반력말뚝 사용방법
		② 동재하시험(PDA)	ㄷ. 어스앵커 사용방법
		③ 정동재하시험(Statnamic Test)	
		④ 간편말뚝재하시험(Simple Pile Loading Test)	
	(5)	**파**동방정식(WEAP) - 말뚝항타해석 프로그램	

| 29 | **말뚝의 극한지지력 판정방법** |

(1) **하**중침하곡선(P-S곡선)에서 세로측과 평행하게 될 때의 하중

(2) **Han**sen의 90% 개념

(3) **침**하량이 말뚝직경의 10%일 때

(4) **Da**visson 방법

(5) **F**rench 방법

| 30 | **말뚝의 항복지지력 판정방법** |

(1) **P** - S 곡선법

(2) **lo**g P - log S 곡선법

(3) **S** - log t 곡선법

(4) **ds**/d(log t) - P 곡선법

(4) **C**법

| 31 | **말뚝의 허용지지력 판정법** |

(1) **말**뚝단면의 허용응력 이하

(2) **안**전율 적용 1) 극한지지력(Pu) / 3

  2) 항복지지력(Py) / 2

(3) **상**부구조물의 허용침하량에 대응하는 하중 이하

| 32 | **Pneumatic Caisson 시공설비 (공기케이슨)** |

굴착설비	송기설비	예비.구급.안전설비	의장설비	배토설비
지상원격조정실	콤프레서 (레시프로형)	비상용엔진콤프레서	머티리얼록 (1.0㎥)	어스버켓(1.0㎥)
케이슨쇼벨 (0.15㎥)	공기청정기.쿨링타워	비상용발동발전기	Manlock(12인용)	토사호퍼일체형캐리어
토사자동적재장치 (원형식)	송기관(φ150)	호스피털록	Manshaft	맨록자동감압장비
토사자동적재장치 (벨콘식)	송기압력조정장치 (유니트형)	공기호흡기		

CHAPTER 07

암석과 암반
Rock & Rock Mass

7장 암석과 암반

	1	**불연속면**
		(1) **불연속면의 구조요소를 성인에 따라 구분**
절		1) **절**리(Joint)
층		2) **층**리(Bedding)
벽		3) **벽**개(Cleavage)
편		4) **편**리(Schistosity)
		(2) **불연속면을 형상 또는 형태에 따라서 분류**
편		1) **균**열(Fissure)
단		2) **단**층(Fault)
성		3) **성**층(Stratification)
엽		4) **엽**층리(Lamina)
엽		5) **엽**리(Foliation)
정		6) **정**합(Conformity)
부		7) **부**정합(Unconformity)
부		8) **부**정합면
협		9) **협**층(Seam or Parting)
파		10) **파**쇄대(Fractured Zone)
구		11) **구**조선(Structural Line or Tectonic Line)
습		12) **습**곡(Fold)

	2	RQD(Rock Quality Designation)
	(1)	**RQD와 암질관계**

RQD(%)	암 질
0~25	상당히 나쁨(가)
25~50	나쁨(양)
50~75	보통(미)
75~90	좋음(우)
90~100	매우 좋음(수)

R	(2)	**RQD의 이용**
Q		1) **R**MR 분류
지		2) **Q**분류
변		3) **지**지력 추정
지		4) **변**형계수
		5) **지**보방법
	3	**SMR분류(Slope Mass Rating)**
	(1)	**분류방법**

$$SMR = RMR + (F_1 \times F_2 \times F_3) + F_4$$

여기서, SMR : RMR에 사면영향인자를 고려한 평점

RMR : 암석강도, RQD, 불연속면간격, 불연속면상태, 지하수상태 등 5가지 요소에 대한 평점

F_1 : 암반사면과 불연속면의 경사방향차

F_2 : 불연속면의 경사각에 대한 보정치

F_3 : 암반사면과 불연속면의 경사각차

F_4 : 굴착방법에 대한 보정치

4 암반의 분류법과 판정기준

암반 분류 매개변수와 평점 (1MPa = 1kg/cm²)

No	분류매개변수		경암	보	연	풍	풍		
1	암석강도	접재하지표 일축압축강도	>10MPa >250MPa	4~10 100~250	2~4 50~100	1~2 25~50	5~25	1~5	<1
	평점		15	12	7	4	2	1	0
2	RQD		90~100%	75~90	50~75	25~50	<25		
	평점		20	17	13	8	3		
3	불연속면의 간격		>2	0.6~2	200~600mm	60~200	<60		
	평점		20	15	10	8	5		
4	불연속면의 간격(거칠기)		거칠다. 불연속, 밀착 신선	약간 거칠다. 간극<1mm 약간 풍화	약간 거칠다. 간극<1mm 강하게 풍화	경면 또는 Gouge<5mm 또는 간극 1~5mm	연한 Gouge 5mm 이상 또는 간극 1~5mm		
	평점		30	25	20	10	10		
5	지하수	터널길이 10m당의 용수	없음	<10ℓ/분	<10~25	25~125	>125		
		응력비 간극수압 최대응력	또는 없음	0.0~0.01	0.1~0.2	0.2~0.5	>125		
		일반	건조	약간 습윤	습윤	중정도의 압력수	물문제가 중요		
	평점		15	10	7	4	0		
			100	80	60	40	20		

5 Q-System(Q 분류법)

(1) Q-System의 계산방식

$$Q\text{-}System = \frac{\text{알} \times \text{거} \times \text{지}}{\text{수} \times \text{풍} \times \text{운}} = \frac{RQD \times J_r \times J_w}{J_n \times J_a \times SRF}$$

RQD : Rock Quality Designation

Jr : 절리면의 거칠기

Ja : 절리면의 풍화정도

Jw : 지하수 상태

Jn : 절리 Set의 수

CHAPTER 08

터널
Tunnel

Professional Engineer Civil Engineering Execution

8장 터 널

1 TSP(Tunnel Seismic Prediction)

터널막장 전방에 대해 탄성파로 탐사를 하여 암질, 단층, 파쇄대 등을 파악하는 것

2 GPR(Ground Penetrating Radar)

전자파로 지반조사하는 것

3 Geotomogrphy

단층촬영(CT:Computerized Tomography) 기술로 지반을 조사하는 것

4 TSP탐사의 특징 => GPR + Geotomography탐사

(1) **막**장 전방의 단층, 파쇄대 조사

(2) **지**하수 조사

(3) **용**수 가능성 판단

(4) **암**종파악(풍화토, 풍화암, 연암, 경암)

(5) **불**연속면의 구조적 특성 조사 (방향, 연속성, 강도, 충진물, 간격, 틈새)

5 불연속면의 종류

(1) **절**리(Joint)

(2) **단**층(Fault)

(3) **엽**리(Schistosity)

(4) **층**리(Bedding)

6 암석굴착공법 종류

(1) **기계적인 방법**

1) **T**BM

2) **B**reaker에 의한 방법

3) **유**압 Jack에 의한 방법

4) **R**oad Header

		(2)	**발파에 의한 방법**		
			1) **팽**창성 파쇄공법		
			2) **선**균열 발파		
			3) **미**진동 발파		
		(3)	**제어발파(Control Blasting)**		
			1) **L**ine Drilling		
			2) **C**ushion Blasting		
			3) **P**resplitting		
			4) **S**mooth Blasting		
	7	**토사 Tunnel 굴착공법(Shield) 종류**			
		(1)	**NA**TM		
		(2)	**Shi**elded Tunnel Boring Machine		
		(3)	**O**pen Cut(개착공법)		
	8	**암석 Tunnel 공법 종류와 기계식 굴착공법의 종류 3가지**			
		(1)	**T**BM(Hard Rock Tunnel Boring Machine)		
		(2)	**Ro**ad Header		
		(3)	**NA**TM		
	9	**NATM의 세부작업 순서(시공관리)**		**시공계획**	
선		(1)	**선**형측량		
인		(2)	**인**접구조물 조사		
지		(3)	**지**하매설물 확인 : 줄파기		
시		(4)	**시**험발파		
굴		(5)	**굴**착(발파)		
R		(6)	**R**MR에 의한 Face Mapping		
보지		(7)	**보조지**보재	1) **강**지보(Steel Rib)	① **H**형강
				2) **R**ock Bolt	② **U**형강

보공				3) **Wi**re Mesh	③ **La**ttice Girder
				4) **Sho**tcrete	
		(8) **보**조**공**법	┌ **천**단부 안정	1) **Fo**repoling	5) **PU**IF
				2) **Pi**pe Roof	6) **Ro**ot Pile
				3) **M**ini Pipe Roof	7) **S**oil Nailing
				4) **강**관다단 Grouting	
			├ **막**장의 안정	1) **Co**re를 형성하는 방법 : Ring Cut	
				2) **터**널 Face Rock Bolt	
				3) **터**널 Face Shotcrete	
				4) **약**액주입	
				5) **동**결공법	
			├ **지**수 공법	1) **L**W(차수+보강)	
				2) **S**GR(차수)	
				3) **J**SP(보강)	
			└ **배**수 공법	1) **D**eep Well	
				2) **W**ell Point	
				3) **수**발갱	
				4) **수**발 Boring	
굴공		(9) **굴**착**공**법			
계		(10) **계**측			
환		(11) **환**기 + 조명			
방		(12) **방**수			
배		(13) **배**수(용수처리)			
F		(14) **F**ace Mapping by RMR			
	10	**갱문의 종류**	**파 돌 원 벨**		
반		(1) **반**돌출형			

	파	1) **파**라펫형(Parapet)		
돌	(2)	**돌**출형		
	돌	1) **돌**출식		
	원	2) **원**통절개형		
	벨	3) **벨**마우스형		
	11	**발파공법적용 고려사항**		
소	(1)	**소**음이 적다		
진	(2)	**진**동이 적다		
민	(3)	**민**원을 방지한다		
소	(4)	**소**송을 피할 수 있다		
터	(5)	**터**널의 붕괴 방지		
시	(6)	**시**공성 향상		
경	(7)	**경**제성 향상 – 원가절감		
안	(8)	**안**전사고 방지		
공	(9)	**공**기단축		
	12	**발파진동의 크기 지배 요인 (발파설계시 고려사항)**		
폭	(1)	**폭**약의 종류 1) **다**이나마이트 – 심빼기 발파		
		2) **에**멀전폭약 – 확대공 발파		
		3) **정**밀폭약 – 주변공 발파		
암	(2)	**암**반의 역학적 특징	1) 암반밀도	방향
			2) 강도	연속성
			3) 불연속면의 특성	강도
			4) 지압	충진물질
				간격
발	(3)	**발**파형태 1) 천공직경		틈새
		2) 천공깊이		투수성

			3) 천공간격	
			4) 전색장	
			5) Subdrilling	
			6) 최소 저항선	
점		(4) **점**화 패턴	1) 지연시간	MS : 0.025초 (25/1000)
			2) 동시 기폭수	DS : 0.25초 (25/10)
			3) 심발공의 형태	
		(5) **폭**원과의 거리		
	13	**발파진동 경감공법**		
		(1) **약**종에 의한 경감	1) 저폭성, 저비중 폭약	
			2) 파쇄기, 팽창제등 특수 화약사용	
		(2) **다**단발파에 의한 경감	1) DSD 사용	
			2) MSD 사용	
		(3) **약**량의 제한에 의한 경감		
		(4) **심**발폭파 방법에 의한 경감	1) Double 심발	
			2) 심발의 위치 조정	
		(5) **폭**파방식에 의한 경감	1) Decoupling 효과	
			2) 분할발파의 실시	
			3) 일발파 진행장의 제한	
	14	**발파 진동식 : 발파진동예측방법 : 발파진동속도**		

$$V = K\left[\frac{R}{W^b}\right]^n$$

여기서, V : 지반의 진동속도(Particle Velocity, cm/sec)

R : 발파원으로부터의 거리(m)

W : 지발당 장약량(Charge Per Delay, kg)

K, n, m : 지발암반조건, 발파조건 등에 따른 상수

b : 1/2 또는 1/3

[예제 1] 지발당 장약량을 2배로 증가시키면 진동속도는 얼마나 증가되겠는가?

[풀이] $V_1 = 70 \left[\dfrac{d}{\sqrt{W}} \right]^{-1.6}$ 에서

$$V_2 = 70 \left[\dfrac{d}{\sqrt{2W}} \right]^{-1.6} = 70 \left[\dfrac{d}{1.4\sqrt{W}} \right]^{1.6}$$

$$= (1.4)^{-1.6} \cdot 70 \left[\dfrac{d}{\sqrt{W}} \right]^{-1.6} = 1.7 V_1$$

즉 장약량을 2배로 하면 진동속도는 2배가 아닌 1.7배로 증가한다.

[예제 2] 지발당 장약량을 1/2배로 줄인다면 진동속도는 얼마나 감소되겠는가?

[풀이] $V_1 = 70 \left[\dfrac{d}{\sqrt{W}} \right]^{-1.6}$ 식에서

$$V_2 = 70 \left[\dfrac{d}{\sqrt{W/2}} \right]^{-1.6} = 70 \left[\dfrac{d}{1/1.4\sqrt{W}} \right]^{1.6}$$

$$= \dfrac{1}{(1.4)^{1.6}} \cdot 70 \left[\dfrac{d}{\sqrt{W}} \right]^{-1.6} = \dfrac{1}{1.7} V_1 = 0.6 V_1$$

즉 장약량을 절반으로 줄이면 진동속도는 1/2이 아닌 6/10으로 줄어든다.

[예제 3] 거리가 2배로 멀어지면 진동속도는 얼마나 줄어들겠는가?

[풀이] $V_1 = 70 \left[\dfrac{d}{\sqrt{W}} \right]^{-1.6}$ 식에서

$$V_2 = 70 \left[\dfrac{2d}{\sqrt{W}} \right]^{-1.6} = (2.0)^{-1.6} \cdot 70 \left[\dfrac{d}{\sqrt{W}} \right]^{-1.6}$$

$$= (0.33) V_1$$

즉 거리가 2배로 되면 진동속도는 1/2가 아닌 1/3로 줄어든다.

[예제 4] 거리가 1/2로 되면 진동속도는 얼마나 증가되겠는가?

[풀이] $V_1 = 70 \left[\dfrac{d}{\sqrt{W}} \right]^{-1.6}$ 식에서

$$V_2 = 70 \left[\dfrac{d/2}{\sqrt{W}} \right]^{-1.6} = (2)^{-1.6} \cdot 70 \left[\dfrac{d}{\sqrt{W}} \right]^{-1.6}$$

$$= (3.03) V_1$$

즉 거리가 1/2로 되면 진동속도는 2배가 아닌 3배로 커지게 된다.

	15	**지반내 전달파(탄성파) 종류**
		(1) **표**면파(Surface Wave) : 표토로 전파
		1) R파 : Rayleigh Wave
		2) L파 : Love Wave
		(2) **체**적파(Body Wave) : 지반내부로 전파
		1) P파 : 압축파
		2) S파 : 전단파
	16	**발파의 진동,소음 계측의 목적**
공		(1) **공**익 증진 역할
민		(2) **민**원의 자료로 활용
형		(3) **법**적 형사 소송의 자료로 활용
민		(4) **법**적 민사 소송의 자료로 활용
안 사		(5) **안**전사고의 방지 목적
효		(6) **발**파 효율의 증진
경		(7) **경**제성 확보
	17	**진동이 구조물에 미치는 영향**
		(1) **단**독주택에 균열
		(2) **소**규모 건축물 – 미장재 탈락
		(3) **토**목 구조물 – 이완, 균열발생, 구조적 안정에 크게 영향
		(4) **인**체 : 수면방해
		(5) **가**축 등 수태불능
		(6) **임**산부 유산
	18	**심발(심빼기) 발파**
		(1) **A**ngle Cut
		1) V-Cut　　／＼　　4) Diamond Cut
		2) Prism Cut　　　　5) 도로 Cut

			3) Pyramid Cut
		(2)	**Pa**rallel Cut : (평행심발)
			1) Clover Leaf Cut 　　4) Spiral Cut
			2) Box Cut 　　　　　 5) Slot Cut
			3) Line Cut 　　　　　6) Cylinder Cut
	19		**Control Blasting(제어발파) 공법**
라		(1)	**Li**ne Drilling
쿠		(2)	**Cu**shion Blasting
Pre		(3)	**Pre**splitting
Smooth		(4)	**Smo**oth Blasting
	20		**Control Blasting(조절발파)의 공통특징**
		(1)	**진**동이 적다
		(2)	**소**음이 적다
		(3)	**여**굴이 적다
		(4)	**민**원방지 효과가 크다
		(5)	**비**산(Fly Rock)이 적다
		(6)	**모**암의 손상이 적다
		(7)	**낙**반위험이 적다
		(8)	**굴**착면이 미려하다
	21		**터널의암종별 단면크기별 굴착공법**
		(1)	**전**단면공법(Full Face Cut)
		(2)	**Lo**ng Bench Cut 공법
		(3)	**Sho**rt Bench Cut 공법
		(4)	**Mi**ni Bench Cut 공법
		(5)	**Mul**ti Bench Cut 공법

(6) **가** Invert 공법

(7) **측**벽 선진도갱 공법(Pilot or Side Pilot)

(8) **Si**de Wall Gallery

22 Bench Cut 공법

굴착공법은 지반조건/굴착단면의 크기와의 상관관계에서 결정

구 분	소단면	중단면	대단면	특수대단면
풍화토	Full Face Cut Short Bench Cut	가인버트+Ring Cut Short Bench Cut	Ring Cut Long Bench Cut + 가인버트	Side Wall Gallery Multi Bench Cut + 가인버트
풍화암	Full Face Cut	Short Bench Cut Long Bench Cut + 가인버트	Short Bench Cut Long Bench Cut + 가인버트	Side Wall Gallery Multi Bench Cut
연 암	Full Face Cut	Full Face Cut Long Bench Cut	Short Bench Cut Long Bench Cut	Short Bench Cut Multi Bench Cut
경 암	Full Face Cut	Full Face Cut	Full Face Cut	Full Face Cut Long Bench Cut
	ϕ 3m이하	ϕ 3~5m	ϕ 7~10m	ϕ 10m이상

1) 소단면 ϕ 3m이하   ① Full Face Cut
　　　　　　　　　　　② Short Bench Cut
　　　　　　　　　　　③ Ring Cut　　+ Short Bench Cut

2) 중단면 ϕ 3~5m   ① Short Bench Cut + Temp.Invert
　　　　　　　　　　　② Ring Cut　　+ Short Bench Cut

3) 대단면 ϕ 7~10m   ① Long Bench Cut + Temp.Invert
　　　　　　　　　　　② Ring Cut　　+ Short Bench Cut

4) 특수대단면 ϕ 10m이상 ① Side Wall Gallery
　　　　　　　　　　　② Multi Bench Cut + Temp.Invert

		(2) **풍화암**			
			1) 소단면	∅ 3m이하	① Full Face Cut
			2) 중단면	∅ 3~5m	① Short Bench Cut
					② Long Bench Cut + Short Bench Cut
			3) 대단면	∅ 7~10m	① Short Bench Cut
					② Long Bench Cut + Temp.Invert
			4) 특수대단면	∅ 10m이상	① Side Wall Gallery
					② Multi Bench Cut
		(3) **연암**			
			1) 소단면	∅ 3m이하	① Full Face Cut
			2) 중단면	∅ 3~5m	② Full Face Cut
					③ Long Bench Cut
			3) 대단면	∅ 7~10m	① Short Bench Cut
					② Long Bench Cut
			4) 특수대단면	∅ 10m이상	① Short Bench Cut
					② Long Bench Cut
					③ Multi Bench Cut
		(4) **경암**			
			1) 소단면	∅ 3m이하	① Full Face Cut
			2) 중단면	∅ 3~5m	① Full Face Cut
			3) 대단면	∅ 7~10m	① Full Face Cut
			4) 특수대단면	∅ 10m이상	① Full Face Cut
					② Long Bench Cut
					③ Multi Bench Cut
	23	**인버트(Invert)의 기능**			
		(1) **편**토압 지반이나 갱구부의 터널 안정성 확보			

		(2) **팽**창성 지반의 하반 융기방지 => Rock Bolt 동시 타설
		(3) **지**반이 불량하고 대단면 굴착시 가인버트 설치로 조기폐합
	24	**터널 지보공의 종류**
		(1) 1차 지보 지보재
		1) **Sho**tcrete : 1차 복공
		2) **Wi**re Mesh
		3) **Ro**ck Bolt
		4) **St**eel Reb
		(2) 2차 지보
		1) **Lin**ing Concrete : 2차 복공
	25	**강지보의 종류**
		(1) **H**형 강지보
		(2) **U**형 강지보
		(3) **La**ttice Girder
	26	**강지보(Steel Rib)의 기능/역할**
		(1) **시**공중 지반붕괴 방지
		(2) **노**무자의 심리적 안정을 도모
		(3) **터**널내공 지름을 확인하는 기능
		(4) **Sh**otcrete가 굳기전 초기지보 역할
		(5) **Ro**ck Bolt의 지보기능전 초기지보 역할
		(6) **Sh**otcrete와 함께 강성증대로 변위억제
		(7) **Fo**repoling, 강관다단 Grouting 시공시 지지대 역할
	27	**Rock Bolt의 기능/역할**
봉		(1) **봉**합작용 : 이완지반을 견고한 지반에 결합
보		(2) **보**강작용 : 불연속면 보강
내		(3) **내**압작용 : 삼축응력 상태로 유지(충분히 길게 설치)

	28	**Rock Bolt의 종류**		
선	(1)	**선**단 정착형		
전	(2)	**전**면 정착형	– 1) 충진형 : 정착재(Resin Mortar) 주입후 Rock Bolt삽입	
			– 2) 주입형 : Rock Bolt 삽입후 정착재(Resin Mortar)주입	
	29	**Rock Bolt의 재질**		
	(1)	ϕ25mm의 이형강봉(SD30 또는 SD35)		
	(2)	반구형 Anchor Plate 사용해서 Shotcrete면에 밀착시킨다.		
	30	**Rock Bolt의 타설**		
	(1)	시공순서	1) **천**공	Swellex Rock Bolt → 수압30MPa
			2) **Re**sin 설치	
			3) **Rock** Bolt의 타설	
R	(2)	타설 Pattern	1) Random Bolting : 필요한 부분만 설치	
S			2) System Bolting : Pattern에 따름 (도면대로 전부박는다)	
	(3)	타설 기준	1) 타설길이 ≥ 타설간격 X 2배	
			2) 타설길이 ≥ 절리의 평균간격 X 3배	
			3) 타설길이 ≥ 터널 굴착폭 X 0.2 ~ 0.3배	
	31	**Shotcrete의 기능/역할**		
부	(1)	**부**착효과		
축	(2)	**축**력의 분배효과		
보	(3)	**보**강효과		
피	(4)	**피**복효과		
전	(5)	**전**단저항효과		
	32	**Shotcrete의 특징**		
작	(1)	**작**은 기계로 시공할 수 있어 기계이동이 간단(Aliva)		
물	(2)	**적**은 W/C비로 Concrete 시공할 수 있다		
거	(3)	**거**푸집이 불필요		

숙		(4) **숙**련된 작업원이 필요(Nozzle Man)
밀		(5) **밀**도가 낮고(단위체적중량)
수		(6) **수**밀성이 낮고
균		(7) **건**조수축 균열이 생기기 쉽고
표		(8) **표**면이 거칠고
분		(9) **분**진이 많다.
	33	**친환경 Shotcrete 종류**
		(1) **숏**패치레미탈공법
		(2) **분**말형 Shotcrete
		(3) **고**성능 신지보 Shotcrete 공법
	34	**Shotcrete의 공법(건식,습식) 비교**

	구 분	**건**식공법	**습**식공법
품	콘크리트 **품**질관리	노즐에서 물,시멘트 혼합 하므로 품질관리 어렵다	미리 전 재료를 혼합압송 하므로 품질관리 쉽다.
운	**운**반시간 제약	없 다.	크 다
압	**압**송거리	장거리 가능(500m)	장거리 불가
분	**분**진발생 여부	많 다	적 다
반	**반**발량	많 다	적 다
청	**청**소,유지,보수	쉽 다	곤 란

	35	**콘크리트 Lining의 기능/역할**
		(1) **사**용개시후 주변굴착, 하중추가등에 대한 내구성 향상
		(2) **지**반 불균일, 숏크리트 품질저하, 락볼트부식등 기능저하시 안정성 증가
		(3) **운**전자 시인성 향상
		(4) **터**널내 각종 가설선, 조명, 환기등 시설지지 또는 부착
		(5) **차**량전조등 산란 균등성 확보
		(6) **비**배수 터널시 수압지지

		(7) **배**수터널에서 배수기능 저하시 안정성 증가
	36	**강섬유 보강 Shotcrete/Concrete(SFRC)의 특징**
		(1) **균**열발생에 대한 저항성과 확대에 대한 저항성이 현저히 크다
		(2) **인**장강도, 휨강도 및 전단강도가 높다
		(3) **동**결 융해 작용에 대한 저항성이 높다
		(4) **내**마모성 내충격성이 강하다.
		(5) **아**스펙트비(= 길이 L / 지름 D)가 안맞으면
		=> 뭉침현상으로 제기능 상실
	37	**터널보조공법**
		(1) 천단부 안정 ┌ 1) **Fo**repoling : 선지공
		2) **Pi**pe Roof
		3) **Mi**ni Pipe Roof
		4) **강**관다단 Grouting
		└ 5) **PU**IF
		(2) 막장의 안정 ┌ 1) **Co**re를 형성하는 방법 : Ring Cut
		2) **터**널 Face Rock Bolt
		3) **터**널 Face Shotcrete
		4) **약**액주입
		└ 5) **동**결공법 고압분사주입공법
		(3) 지수 공법 ┌ 1) **L**W(차수+보강) 4) RJP 400kg/cm²
		2) **S**GR(차수) 5) Jet Grouting 200~400kg/cm²
		└ 3) **J**SP(보강) 200~400kg/cm²
		(4) 배수 공법 ┌ 1) **De**ep Well
		2) **W**ell Point
		└ 3) **수**발용 선진 Boring

PART 01 약자암기법

	보조 지보재	보조 공법			
		구조적 보강공법		지수공법	배수공법
		천단부	막장부		
	Steel-Rib	Fore Poling	지지 Core	LW	Deep Well
	Wire Mesh	Pipe Roof	Shotcrete	SGR	Well Point
	Shotcrete	Root File	Rock Bolt	JSP	수발갱
	Rock Bolt	강관다단 Grouting	LW	PUIF	수발 Boring

38 Tunnel의 용수대책 배수공법

- 물 (1) **물**빼기 갱
- 물 (2) **물**빼기 Boring
- P (3) **P**VC Pipe에 의한 유도배수
- D (4) **De**ep Well
- W (5) **We**ll Point
- 지 (6) **지**반 약액주입 공법
  1) **L**W: 2~3kg/㎠
  2) **S**GR: 2~3kg/㎠
  3) **J**SP: 200~400kg/㎠
  4) **P**UIF
  5) **R**JP: 400kg/㎠
  6) **J**et Grouting: 400kg/㎠

39 터널의 배수(용수처리) 공법

(1) **막**장용수처리

　-> 수발공 및 수발갱 설치

　　공함몰 예상시 수발공에 유공 PVC Pipe 삽입

(2) **1**차 Shotcrete 타설 후 유도배수

　-> Pipe에 의한 집수, 반할관에 의한 집수

　-> 부직포나 다발관에 의한 집수

　-> Nap Goil에 의한 집수

(3) **2**차 Shotcrete 타설 후 유도배수

			-> PVC나 방수쉬트에 의한 집수		
		(4)	**인**버트 배수		
			-> 인버트 Shotcrete 타설시 맹암거의 상단에 비닐 등을 포설		
	40		**터널 방수공법의 종류**		
		(1)	재질에 의한 분류(피막방수)		
			1) **고**분자계 방수재		
			① 합성수지계(열가소성)		
			② 합성고무계(열경화성)		
			2) **A**sphalt 방수재		
아			① **A**sphalt		
			② **고**무 Asphalt계		
		(2)	**방**수피막의 형성방법에 따른 분류		
she			1) **She**et 방수		
도			2) **도**막방수		
침		(3)	**침**투방수		
	41		**터널방수방식의 종류**		
		(1)	**완**전방수 : 비배수 방식		
		(2)	**부**분방수 : 배수 방식		
	42		**배수형 터널과 비배수형 터널**		
			장단점	배수형 터널(부분방수)	비배수형 터널(완전방수)
배		(1)	**배**수구	있 다	없 다
라		(2)	**Li**ning	무근 콘크리트 라이닝	철근 콘크리트 라이닝
누		(3)	**누**수시 보수	보수가 용이	보수비가 크다
시		(4)	**시**공비	적 다	크 다
대		(5)	**대**단면시공여부	유리하다	불리하다
유		(6)	**유**지관리비	크 다	작 다

지	(7) **지**반침하	크 다	작 다
방	(8) **방**수기술	일반적인 수준	고수준의 방수기술 요구
적	(9) **적**용 조건	자연배수가 가능한 지역 지질조건이 양호한 경우	지하수위가 높거나 지질조건이 불량한 경우
수	(10) **수** 압	작 다	크 다

43 터널 지표침하원인

(1) **지**하수 배수에 의한 원인

(2) **막**장자립성 불량에 의한 원인

(3) **소**성영역의 증대에 의한 원인

(4) **지**지력 부족에 의한 침하

(5) **G**round Arch 형성 불량

44 근접터널/저토피/미고결 지반 터널 시공시 문제점

(1) **지**반의 침하

(2) **용**수

(3) **갱**구부 시공

(4) **변**형이 크다

(5) **붕**괴

(6) **토**사지반에서 특히 붕괴가 크다

45 터널붕괴형태

1) **원**형파괴

2) **평**면파괴

3) **쐐**기파괴

4) **전**도파괴

	46	모든 계측의 목적	
시	(1)	**시**공성	
경	(2)	**경**제성	
안	(3)	**안**정성	
설	(4)	**설**계, 시공에 반영(Feed Back)	
시	(5)	**시**공관리(안전도모, 복공시기)	
주	(6)	**주**변환경에의 영향관리	
자	(7)	**자**료수집	
설	(8)	**설**계타당성 평가	
설	(9)	**설**계변경 자료로 활용	
	47	터널 계측 위치선정시 고려사항	
갱	(1)	**갱**구부분	
단	(2)	**단**층파쇄대가 있는 곳	
토	(3)	**토**피가 적은 곳	
지	(4)	**지**반의 변화지점(지하수가 많은 지역)	
연	(5)	**연**약지반(풍화토, 풍화암)	
	48	NATM 계측의 종류와 설치위치	
지	(1)	**일상계측(A계측)**	1) **지**표침하측정
천		10~30m 간격 1회/일	2) **천**단측정
내			3) **내**공변위측정
숏	(2)	**대표계측(B계측)**	1) **Shot**crete 응력측정
락		300~500m 간격 1회/월	2) **Rock** Bolt 축력측정
지변			3) **지**중변위측정
지침			4) **지**중침하측정
지수			5) **지**하수위측정
콘라			6) **Con**crete **Li**ning 응력측정

49 계측항목별 계측방법

구 분		계측간격	설치위치	측정빈도(일) 0~15	15~30	30~
A계측 (일상계측) S.M.S	막장관찰	전연장	-	1회/일	1회/일	1회/일
	내공변위	10~30m	막장후방 1m	1~2/일	2회/주	1회/주
	천단침하	10~30m	"	"	"	"
	락볼트인발	3개소/20m (1개/50본)	정착효과 발생즉시	-	-	-
B계측 (주요계측) M.M.S	지표침하	300~600m	터널전방 1~3m	1회/일	1회/주	1회/2주
	숏크리트 응력	200~500m	막장후방 1~3m	1회/일	1회/주	1회/2주
	지중변위	"	"	1~2/일	1회/2일	1회/주
	락볼트축력	"	"	"	"	"
	지반시료시험	"	-	-	-	-
	갱내탄성파탐사 속도측정	500m	-	1회	1회	1회
	지중수평변위	200~500m	터널전방 15~30m	1회/일	1회/주	1회/2주

50 터널 계측의 문제점 및 개선안

비 (1) **비**싸다.

국 (2) **국**산품개발이 시급하다.

싼 (3) **싼** 값으로 대량생산해서 많이 설치한다.

전 (4) **전**문제조업체에 의뢰해서 Manual 대로 설치한다.

51 계측기 설치위치 선정/계측 항목/계측 계획시 고려사항

(1) **구**조물의 종류   연약지반

(2) **시**공성 고려   토류벽

(3) **경**제성 고려   터널

(4) **안**정성 고려   댐

		(5)	**지**반의 조건 고려			
		(6)	**계**측의 목적			
		(7)	**붕**괴되기 쉬운 부분 고려			
	52		**터널 환기방식의 종류**			
자		(1)	**자**연환기			300m 이하
젯		(2)	**기**계환기	1) 종류식	**젯**트팬(Jet Fan)식	500m 이하
수					**수**직갱 송배기식	4Km 이상
집					**집**진기식	4Km 이내
수					**집**진기 + 수직갱 송배기식	4Km 이상
송				2) 반횡류식	**송**기 반횡류식	3Km 이하
배					**배**기 반횡류식	3Km 이하
횡				3) **횡**류식		2Km 이하
조				4) **조**합식		
	53		**터널 환기방식의 특징**			
연	**장**	(1)	터널의 **연**장 m		(7) 장대터널 유리, 불유리	
교	**덕**	(2)	**교**통량		(8) Duct 시공비가 비싸다 – 횡류식	
시	**소**	(3)	**시**공성		(9) 소음	
경	**진**	(4)	**경**제성		(10) 진동	
안	**종**	(5)	**안**정성		(11) 터널의 종단구배	
환	**평**	(6)	**환**기성		(12) 터널의 평면선형	
	54		**환기 계획시 고려사항**			
		(1)	**터**널의 연장			
		(2)	**굴**착단면의 크기			
		(3)	**사**용화약의 양(발파)			
		(4)	**굴**진 Cycle			
		(5)	**굴**착장비		NATM	

	(6) **시**공방법	TBM	
		Shield	
55	**환기설비 고려사항**	[환기량산정 내용]	
	(1) **교**통조건	1) 매연량	
	(2) **지**형조건	2) 일산화탄소	
	(3) **차**도내의 풍속	3) 질소량	
	(4) **주**변환경에 미치는 영향		
	(5) **화**재시 -> 환기기계 운용		
	(6) **유**지관리비용		
	(7) **단**계건설		
	(8) **경**제성 검토		
56	**방재설비 종류**		
	(1) **통**보설비		
	1) **자**동통보기 : 설치간격 50m		
	2) **수**동통보기 : 설치간격 6m		
	3) **비**상전화 : 설치간격 200m		
	(2) **비**상경보설비		
	1) 경보표지판 : 터널갱구부근, 터널내 비상주차대		
	(3) **소**화설비		
	1) **소**화전 : 설치간격 50m		
	2) **소**화기 : 설치간격 50m		
	3) **급**수전 : 터널 양갱구 부근, 터널내 비상주차대		
	4) **물**분무기 : 설치간격 4~5m		
	(4) **기**타설비		
	1) **대**피설비 : 설치간격 750m내외		
	2) **비**상주차대 : 설치간격 750m내외		

		3) **유**도시설 : ① 표지판 설치간격 확성방송 50m내외
			② 확성방송
			③ 라다오방송
		4) I.T.V설비(CCTV) : 설치간격 150~200m
		5) **비**상용 조명설비 : 측벽상부 또는 천장에 설치
57	**방재설비 고려사항**
	(1)	**터**널의 연장
	(2)	**교**통량
	(3)	**평**면선형
	(4)	**종**단선형
	(5)	**터**널의 단면크기
	(6)	**환**기방식
	(7)	**교**통상태
58	**Shield 공법의 종류** 시공방식
	(1)	니수가압식 Shield TBM : Slurry Type Shield TBM
	(2)	토압식 Shield TBM : Earth Pressure Shield TBM
59	**니수가압식 Shield**
	(1)	**원리**
		1) Chamber내에 니수의 가압순환으로 막장을 유지
		2) Cutter Head로 굴착하며 니수를 순환시켜 굴착토 배출
60	**토압식 Shield**
	(1)	**원리**
		1) Chamber내에 굴착된 토사를 압축시켜 막장면을 유지
		2) Cutter Head로 굴착하며 스크류컨베어로 굴착토 배출
61	**Shield 시공순서**
		1) **수**직구 굴착

	2) **반**력벽 설치 <– 지반보강	
	3) **Shi**eld 반입 및 설치	
	4) **Shi**eld 굴착	
	5) **Ja**ck으로 본관 밀어내기	
	6) **도**달구 설치	
	7) **Shi**eld 철거	
	8) **준**공	

62 Shield 이음방식 + 뒷채움방식

(1) **Shield 이음방식**   Shield도달구 발진구
                                    갱구보강 범위 L=12m

  1) **경**사 Bolt에 의한 이음

  2) **직**각 Bolt 방식

  3) **연**결 Pin과 조리봉 방식

(2) **뒷채움 방식**   갱구보강방법
                                    ┌ JSP
  1) **즉**시주입   ├ LW
                                    └ RJP
  2) **후**방주입

  3) **동**시주입

63 수직갱 굴착공법
                          ┌ RC
(1) **발파공법**   └ RBM

  1) **하**향식   ① **Sho**rt Step 공법

                   ② **Long** Step 공법

                   ③ **Se**mi Long Step 공법

                   ④ **NA**TM

  2) **상**향식   ① **비**계상향 굴착공법

                   ② **R**C(Raise Climber) 공법

(2) **기계굴착공법**

  1) **하**향식   ① 드릴스트링 공법

② **파**일럿갱굴착방식

③ **전**단면 수직굴착방식

2) **상**향식　① **선**진도갱 공법

② **R**BM(Raise Bore Machine) 공법

| 64 | 고성능 지보재 |

지보재	지보재 성능기준		적용목적
	기존	고성능	
고강도 숏크리트	1.설계강도(28일) :18MPa 2.1일강도: 5MPa	1.설계강도(28일) :36MPa 2.1일강도 : 10MPa 3.3시간강도 : 2MPa	1.숏크리트타설두께 저감 2.불리한 모멘트 발생 억제 3.조기안정성 확보 4.시공시간단축에 의한 시공성.경제성 확보
고내력 록볼트	1.인발내력 : 18ton	1.인발내력 : 30ton	1.기존 록볼트적용시, 록볼트 개수가 많고 볼트 길이가 6m에 달함 2.고내력 록볼트를 적용하여 록볼트 개수 감소
고규격 강지보재	1.SS40 2.항복강도 :245MPa 3.인장강도 :400~500MPa	1.항복강도 :440MPa 2.인장강도 :590MPa	1.기존 강지보재의 경우, 중량과 크기가 커서 시공성 저하 2.고강도 강재의 채용으로 동등이상의 내하력을 확보하면서 경량화, 경제성 확보
Lining 콘크리트	24MPa	50MPa	1.굴착단면감소

CHAPTER 09

교량
Bridge

9장 교량

1. Prestressing 방법(PS강재 긴장방법)

No	공종	Pre – Tension	Post – Tension
1	시공순서	1.PS 강선 긴장 2.콘크리트 타설 3.긴장 풀어서 4.Prestress 도입	1.PS 강선 인장 2.콘크리트 타설 3.경화 후(fck*85%) 긴장 4.정착 5.PSC Grout
2	공장설비 필요성	대량생산(L=12m까지 제작)	현장제작에 유리
3	곡선배치가능성(역학적안정성)	직선배치	우수(곡선배치)
4	장대지간에 적용성	불리	우수
5	분할 시공성(Block Segment)	불리	우수
6	긴 부재	불리	유리
7	짧은 부재	유리	
8	설계기준강도	35MPa	30MPa
9	배합강도	fck * 1.15	fck * 1.15
10	도입시기(압축강도 기준)	30MPa	25MPa
11	정착장치	불필요	필요
12	Prestressing 방식(종류)	Long Line방식 Individual Mold Method	Freyssinet BBRV, Dywidag, Preflex공법

2. PS의 정착방법 3가지

(1) **쐐**기식

(2) **지**압식

(3) **Lo**op식

	3	**PS강재에 인장력을 주는 방법 4가지**
기		(1) **기**계적 방법
화		(2) **화**학적 방법
전		(3) **전**기적 방법
P		(4) **P**reflex 방법
	4	**Prestress 손실의 종류**
단		(1) 초기손실(**단**기손실)
탄		1) Concrete **탄**성변형
마		2) PS 강재와 Sheath 사이의 **마**찰
정 활		3) **정**착장치의 **활**동
장		(2) **장**기손실
크		1) Concrete **C**reep
건		2) Concrete **건**조수축
R		3) PS강재의 **R**elaxation
	5	**Prestressing의 시공관리(PSC Grout)**
설		(1) **설**계기준강도 : fck = 30MPa 이상
물		(2) **물**-시멘트(W/C) 비 : 45% 이하
유		(3) **유**동성 : 11초 이상
팽		(4) **팽**창율 : 10% 이하(4%가 표준)
혼		(5) **혼**합후 30분 내에 주입완료
도		(6) **도**입시기 : fck * 85% 이상에서 도입
긴		(7) **긴**장순서 : 대칭긴장
주		(8) **주**입압력 : 최소 7kgf/cm^2
	6	**Camber(상향의 솟음값)**
		Camber의 허용값 = L/500 (단, L:지간장)
		지간장 L=50m => Camber의 허용값= 50/500 = 0.1m = 10cm

		(1)	Free Camber : **강**재 자중에 의한 처짐량
		(2)	Suspend Camber : **양**단 지지시 처짐량
		(3)	Final Camber : **제**작 솟음
	7	\multicolumn{2}{l}{**장기처짐의 영향요인 = Prestress의 손실원인**}
		\multicolumn{2}{l}{탄 => 마 => 정 => 활 => 크 => 건 − R}
	8	\multicolumn{2}{l}{**교량받침(Shoe)의 종류**}
		(1)	**고**정받침(지압과 회전)
선		1)	**선**받침
핀		2)	**P**in 받침
피		3)	**P**ivot 받침
고		4)	**고**무받침
		(2)	**가**동받침(지압과 회전)
선		1)	**선**받침
받		2)	**받**침판 받침
롤		3)	**Ro**ller 받침
로		4)	**로**커 받침
고		5)	**고**무 받침
	9	\multicolumn{2}{l}{**면진장치 종류** **납 − 기능 : 충격흡수역할**}
		(1)	**적**층고무받침(Laminated Rubber Bearing)
		(2)	**고**감쇠 적층고무받침(High Damping Rubber Bearing)
		(3)	**구**면미끄럼받침(Spherical Sliding Bearing)
		(4)	**점**성유체감쇠기(Viscous Fluid Damper)
		(5)	**납**-고무받침(Lead Rubber Bearing)
	10	\multicolumn{2}{l}{**PSC Box Girder에 의한 장대교량 가설공법**}
F		(1)	**F**CM(Free Cantilever Method) − 외팔보 공법 (현타방식)
I		(2)	**I**LM(Incremental Launching Method) − 연속압출 공법

for 받침 파손원인
1) 용량부족
2) 상부하부 Shoe 뒤집어서 설치

M	(3)	**M**SS(Movable Scaffolding System) — 이동비계공법 (현타방식)
P	(4)	**P**SM(Precast Segmental Method)
P	(5)	**F**SM(Full Staging Method) — 동바리 공법 (현타방식)
	11	**PSC Box Girder 가설공법의 비교(개요)**

	No	구 분	FCM	ILM	MSS	PSM
가	1	**가**설방식	Form Traveller	압출 Nose 유압 Jack	Launching Tr-uss 전진가설	MSS방식
제	2	**제** 작 장	Pier위	제작장(교대뒤)	Pier위 현타	별도 제작장
장	3	**장** 비	가 Bent	추진코 유압잭	Crane	Trailer+Crane
경	4	**경** 간	200m	60m	60m	60m
제	5	**제**작원리	Post Tesion	Post Tesion	Post Tesion	Post Tesion
국	6	**국**내시공실적	원효대교	금곡천교	노량대교	강변북로

● 현타방식 종류는? FSM, FCM, MSS 임

	12	**강교 가설공법**
	(1)	**가** Bent : 20m마다 설치
	(2)	**C**rane식 가설공법 1) **3000**t 해상 Crane
		2) **De**rrick Crane — 수심이 얕은 경우 소블럭 가설
		1) 지주식 Crane
		2) Cable Crane
		3) Pontoon Crane
		4) Traveller Crane
		5) 문형 Crane
	(3)	**Li**ft Up Barge
	(4)	**La**unching Truss
	(4)	**F**CM(Free Cantilever Method) 공법
	(5)	**I**LM(Incremental Launching Method) 공법

13		강교 가설공법의 특징	대Block 가설공법(L=10m이상)
	(1)	**시**공성	1) 가Bent
	(2)	**경**제성	2) 크레인
	(3)	**안**전성이 우수하다	3) Heavy Lift
	(4)	**시**공속도	
	(5)	**장**경간 시공이 가능하다	
14		**사장교 가설공법의 종류**	
	(1)	**임**시 브라켓 지지에 의한 대블럭 주두부 시공	
	(2)	**임**시 케이블이나 영구 케이블 지지에 의한 대블럭 주두부 시공	
	(3)	**보**강형 표준 단면부의 캔틸레버 가설 : FCM	
	(4)	**압**출공법에 의한 가설 : ILM	
15		**강교 제작 및 시공순서**	
	(1)	**야**적장 확보	
	(2)	**현**장자재 반입	
	(3)	**현**장검수 확인	
	(4)	**지**조립 작업	
	(5)	**지**조립 검사 1차	
	(6)	**볼**트체결 / 1, 2차 조임	
	(7)	**설**치작업	
	(8)	**C**ross Beam 거치	
	(9)	**C**ross Beam Bolting & 검사	
	(10)	**설**치 검사	
	(11)	**용**접 작업	
	(12)	**최**종 검사	
	(13)	**현**장자재철수 및 정리작업	

	16	강구조 연결방법	
고		(1) **고**장력 볼트(High Tension Bolt)에 의한 연결	
용		(2) **용**접(Welding) 연결	
리 벳		(3) **Rivet**연결	
	17	**용접이음 종류**	
		맞대기 이음	
		겹침 이음	
		T 이음	
		모서리 이음	
	18	**Bracing 종류**	
X		(1) **X** – Bracing	
V		(2) **V** – Bracing	
수		(3) **수**평 Bracing	
수		(4) **수**직 Bracing	
	19	**Bracing의 목적**	
		(1) EI(**휨**강성) 증대	
		(2) **좌**굴(Buckling) 방지	
		(3) **뒤**틀림(Torsion) 방지	
	20	**용접결함의 종류**	
		(1) **변**형	
		(2) **용**접치수	
		(3) **형**상불연속	
		(4) **표**면결함	1) **Pi**t – 구덩이처럼 오목하게 들어간 거
			2) **Un**dercut – 밑에 파임
			3) **O**verlap
			4) **C**rack – 균열

		(5) **내**부결함	1) **기**공	
			2) **S**lag	
			3) **용**입불량	
			4) **내**부균열	
		(6) **잔**류응력		
		(7) **연**화		
		(8) **취**화		
	21	**용**접에서 비파괴 검사		
육		(1) **육**안검사 : 1) **P**it – 구덩이처럼 오목하게 들어간 거		
			2) **Un**dercut – 밑에 파임	
			3) **O**verlap	
			4) **C**rack(균열)	
방		(2) **방**사선검사 :	1) **기**공	
자		(3) **자**분탐상검사 :	2) **S**lag	
약		(4) **약**물탐상검사 : 미세한 Crack	3) **용**입불량	
초		(5) **초**음파 검사 : 깊은 곳 결함, 부식상태	4) **내**부균열	
	22	**강교 가조립 목적**		
		(1) **S**teel Box Girder 상태 파악		
		(2) **시**방 규정된 각 부재의 제작오차, 설치오차 사전점검		
		(3) **현**장에서 보수,보강하지 않기 위해		
		(4) **가**조립 검사 보고서 작성		
		(5) **목**적물에 적합한 조립상태 확인 및 수정		
	23	**수중교각 시공관리 항목**		
		(1) **고**교각 시공법		
		1) **S**CF(Self Climbing Form)		
		2) **S**lip Form		

3) **H**eavy Lift

(2) **오**탁방지망 설치

(3) **해**상 배치플랜트 설치

(4) **타**워 크레인 설치

(5) **내**구성 설계기준

　1) **염**해

　2) **중**성화

　3) **알**칼리 골재반응

　4) **동**결융해

　5) **황**산염 침투

(6) 콘크리트

　1) **재**료　　**물**(W) : Cl^- 이온이 없는

　　　　　　　시멘트(C) : 내황산염

　　　　　　　잔골재(S) : 해사사용 금지

　　　　　　　굵은골재(G) : 양입도 사용

　　　　　　　혼화재료 : 고성능 AE감수제

　2) **배**합　　**강**도 : 30MPa 이상

　　　　　　　Slump :

　　　　　　　공기량 : 4~6%

　　　　　　　염화물 함량 : $0.3kg/m^3$ 이하

　　　　　　　물시멘트비(W/C) : 45% 이하

　3) **시**공　　**철**근 - Epoxy Coated Rebar

　　　　　　　콘크리트표면 유리섬유 복합소재 박판

　　　　　　　피복두께 - 12cm

　　　　　　　양생 : 증기양생

24		**교각세굴 예측 및 방지기법**
	(1)	**교**각세굴 예측기법
		1) **수**축세굴 : 통수단면의 감소(자연적 원인, 교각등)
		2) **국**부세굴
	(2)	**교**각세굴 방지기법
		1) **사**석공
		2) **돌**망태공
		3) **쉬**트파일(Sheet Pile)
		4) **콘**크리트 블록 매트공
25		**상판 보수공법 종류**
	(1)	**보수공법**
		1) **수**지주입공법
		2) **방**수공
		3) **F**RP 접착
		4) **단**면복구
	(2)	**보강공법**
		1) **강**판압착
		2) **세**로보증설(Stringer)
		3) **가**로보증설(Cross Beam)
	(3)	**교체공법**
		1) **I**형강 격자상판으로 교체
		2) **P**recast 콘크리트로 교체
		3) **강**상판으로 교체

26	**특수교량의 공통특징**
	PSC-T 거더교
	Prefabricated Prestressed Concrete Girder교 ; PPC
	Strut부착 PSC Box Girder교
	Incrementally Prestressed Concrete Girder교 ; IPC Girder교
	Represtressd Pre-Flex Beam교 ; RPF
	Hybrid 중로 Arch교(Hybrid Half-therough Arch Bridge)
	Steel Confined Prestressed Concrete Girder교 ; SCP합성거더교
	Extradosed교
	Prestressed Compsite Truss Girder교 ; PCT(복합Truss교)
	(1) **E**I(휨강성)이 크다
	(2) **형**고비를 작게 할 수 있다.
	(3) **장**경간 시공이 가능하다.
	(4) **품**질관리가 용이하다
	(5) **시**공속도가 빠르다
	(6) **안**전성이 우수하다.
	(7) **공**사비가 비싸다.
	(8) **재**료비의 절감이 가능하다.
27	**Preflex Beam 특징**
	(1) **지**간, 형고비가 낮다 -> 장애물 구간에 유리
	(2) **지**간장 30~50m 적용
	(3) **세**장비가 크므로 큰 활하중을 받을 수 있다.
	(4) **공**장제작으로 품질확보 용이, 공기단축 가능
	(5) **강**성이 크다
	(6) **운**반가설시 시공관리 유의
	(7) **제**작비가 고가

		(8)	**취**급관리가 어렵다.		
	28		**고성능 강재의 특징**		
			= TMC 강재		
			= 무도장 내후성 강재의 특징		
			= 강재의 구비조건		
		(1)	**항**복강도가 크다	(10)	**강**성이 크다
		(2)	**인**장강도가 크다	(11)	**장**대교에 유리하다
		(3)	**용**접이 용이하다	(12)	**형**고비를 작게 할 수 있다
		(4)	**저**온에 강하다	(13)	**장**경간 시공이 가능하다
		(5)	**취**성파괴 방지	(14)	**유**지관리가 용이하다
		(6)	**인**성이 크다		
		(7)	**시**공성이 좋다		
		(8)	**경**제성이 좋다		
		(9)	**안**전성이 우수하다		
	29		**대 Block 가설공법**		
		(1)	**가**Bent설치		
		(2)	**3**000ton 해상 Crane(Floating Crane)		
		(3)	**H**eavy Lift 방법		
	30		**현장타설방식에 의한 콘크리트교량 가설공법의 종류**		
		(1)	**F**SM : Full Staging Method	동바리설치	
		(2)	**F**CM		
		(3)	**M**SS		

CHAPTER 10

가물막이

Water Retaining Structure

Professional Engineer Civil Engineering Execution

10장 가물막이

			1	가물막이 공법(가체절)의 종류
자	토	(1)	자립형	1) 토사축제
	강			2) 강널말뚝(Steel Sheet Pile)
	캐			3) Caisson 식
	강			4) 강판 Cell(Corrugated Cell)
버	한	(2)	버팀대형 Steel Sheet Pile	1) 한겹 Steel Sheet Pile
	두			2) 두겹 Steel Sheet Pile
특	강	(3)	특수공법	1) 강관널말뚝
	강			2) 강관널말뚝 우물통
	S			3) Slurry Wall(지중연속벽공법)
				4) Cell형 가물막이

CHAPTER 11

댐
Dam

11장 댐

	1	Dam의 유수전환 방식의 종류
전	(1)	**전**체절 방식
반	(2)	**반**체절 방식
가	(3)	**가**배수거
	2	Dam의 종류
	(1)	**균**일형댐
	(2)	**존**형댐
	(3)	**중**심코어형 석괴댐(CCRD)
	(4)	**경**사코어형 석괴댐(ICRD)
	(5)	**콘**크리트 표면차수벽형 석괴댐(CFRD)
	(6)	**중**력식 콘크리트댐(CGD)
	(7)	**롤**러다짐 콘크리트댐(RCCD)
	(8)	**아**치댐(Arch Dam)
	3	여수로의 형식
	(1)	**자**유낙하 여수로　Free Fall Spillway
	(2)	**월**류 여수로　Ogee Spillway
	(3)	**측**수로 여수로　Side Channel Spillway
	(4)	**터**널 또는 암거 여수로　Tunnel or Conduit Spillway
	(5)	**샤**프트 여수로　Shaft Spillway
	(6)	**사**이펀 여수로　Syphon Spillway
	4	Dam 공사 시공관리 계획
	(1)	**유**수전환(가체절)
	(2)	**굴**착(발파)
	(3)	**기**초처리

(4) **L**ugeon Test

(5) **Fi**ll Dam의 경우(재료+다짐공법)

    1) **암**버력(투수) Zone

    2) **Fi**lter(반투수) Zone

    3) **점**토(불투수) Zone

(6) **Con**crete Dam의 경우

    -> 재+배+운+치+다+마+양

5 댐공사 시공계획 작성요령(Fill Dam의 경우)

(1) **가**설비 계획

(2) **유**수 전환방식 계획

(3) **기**초 굴착계획(Abut부/하심부)

(4) **기**초(암반) 처리계획

(5) **Dam** 축조(성토다짐) 계획

(6) **여**수로 공사(Spill Way)

(7) **가**배수로 폐쇄계획

(8) **담**수개시 계획

(9) **준**비공사   ----- 공사용 도로

(10) **설**계도서 검토   공사용 건물

(11) **수**문 및 기상조사   통신설비

(12) **용**지 보상계획   조명설비

(13) **공**사용수 공급계획   급수설비

(14) **환**경처리 보존계획   급기설비

	6	Dam 기초처리 공법	
코널그지압감부전		(1) **암**반 기초경우	1) **C**onsolidation Grouting(암반보강목적) 2) **C**urtain Grouting(차수가 목적)
		(2) **투**수성 지반경우	1) **Co**re 설치 2) **널**말뚝 설치 3) **G**routing 4) **지**수벽 5) **압**성토 6) **감**압정(Relief Well) 7) **불**투수 Blanket 8) **전**면포장
	7	Fill Dam의 Zone별 재료조건 + 축조방법	
		(1) **암**버럭 Zone : 투수 Zone : k = 1×10^{-2}cm/sec	
		(2) **Fil**ter Zone : 반투수 Zone : k = 1×10^{-5}cm/sec	
		(3) **Co**re(심벽) Zone : 불투수 Zone : k = 1×10^{-7}cm/sec	
	8	Fill Dam의 누수원인 및 대책	
누세사다제재제구		(1) **파**괴원인	
		1) **누**수(Piping 현상)	
		2) **세**굴	
		3) **사**면붕괴	
		4) **다**짐불량	
		5) **제**체균열	
		6) **재**료불량	
		7) **제**방단면이 적은 경우	
		8) **구**멍	

차	(2) **누**수 대책 공법 => 코널그지압감부전으로 갈아탈 것	
	1) **차**수벽 설치	① Grouting
		② 주입공법
Blan	2) **Blan**ket	
지	3) **지**수벽	① Sheet Pile
		② Core Zone(점토)
제	4) **제**방폭 넓게 -> 침윤선 저하	
비	5) **비**탈면 피복공	
압	6) **압**성토	

9	**Fill Dam 계측의 종류**		
	(1) **간**극수압계		간극수압측정
	(2) **층**별침하계	1회/주	침하량측정
	(3) **누**수집수측정기	1회/일	누수량측정
	(4) **댐**표면안정측정	1회/주	침하량측정
	(5) **댐** 정상부 이동측정		수평변위량측정
	(6) **정**부 침하계	1회/주	침하량측정
	(7) **토**압계	1회/주	토압측정
	(8) **경**사면 변위계		사면변위량측정
	(9) **지**진계		지진량측정

10	**콘크리트 댐 시공계획**
	(1) **가**설비 계획 – 사무실, 시험실, 진입로
	(2) **골**재생산 계획 – Crusher Plant
	(3) **Con**crete 생산설비 – Batch Plant
	(4) **Con**crete 운반설비 – Cable Way
	(5) 기타는 **Fill** Dam과 동일

	11	중력식 콘크리트댐 이음의 종류
		(1) **수**축이음
		1) **가**로이음 : Dam 축선과 직각방향에 설치
		2) **세**로이음 : Dam 축선과 평행하게 설치
		(2) **시**공이음 : 콘크리트 타설 Lift 사이에 설치한다.
	12	콘크리트 댐 시공시 주의사항
		= Mass Concrete의 온도균열 대책(수화열 억제 대책)
단		(1) **단**위 Cement량을 적게한다
저		(2) **저**발열 Cement : 중용열 Portland Cement
1		(3) **1** Lift의 높이 적게 : 1.5m
구		(4) **구**속도 적게
타		(5) **타**설온도 낮게
Pre		(6) **P**re-Cooling
Pipe		(7) **P**ipe-Cooling
	13	콘크리트 댐의 계측항목
온		(1) **온**도계 : 온도측정
조		(2) **J**oint Meter : 이음부변위 측정
응		(3) **응**력계 : 응력측정
간		(4) **간**극수압계 : 간극수압측정
양		(5) **양**압력계 : 양압력측정
누		(6) **누**수계 : 누수량측정
수		(7) **수**위계 : 수위측정
온		(8) **온**도계 : 온도측정
지		(9) **지**진계 : 지진량측정

14	Concrete Dam(Mass Concrete) 계측의 종류
	(1) **T**hermometer
	(2) **J**oint Meter
	(3) **S**train Meter
	(4) **S**tress Meter
	(5) **Non-Stress Meter**
	(6) **P**ore Water Pressure Meter
	(7) **U**plift Measuring Apparatus
	(8) **L**eakage Measuring Apparatus
	(9) **P**lumb Line Device
	(10) **I**ndicator
	(11) **S**witch Box

CHAPTER 12

하천
River

12장 하 천

1 하천 제방의 종류

(1) **본**제   Main Levee

(2) **부**제   Secondary Levee

(3) **놀**둑   Open Levee

(4) **윤**중제(둘레둑)   Ring Levee

(5) **횡**제(가로둑)   Cross Levee

(6) **도**류제   Guide Levee

(7) **가**름둑(분류제)   Separation Levee

(8) **월**류제   Overflow Levee

(9) **역**류제   Back Levee

(10) **대**제방   Super Levee

2 제방 재료다짐관리 기준

항 목	토 사	시험법
입도분포	GM, GC, SM, SC, ML, CL	통일분류법
수침 CBR	2.5 이상	KSF 2320
다짐도	90% 이상	KSF 2312
시공함수비	다짐곡선의 90% 건조밀도에 대응하는 습윤측 함수비	
시공층두께	30cm 이하	한층의 마무리 두께

3 제방 재료의 구비조건

(1) **최**대치수 100mm이하

(2) **하**상재료는 다짐에 쓰면 안된다.

(3) **통**일분류법(GM, GC, SM, SC, ML, CL)

(4) **제**체누수에 대한 저항성이 큰 흙

(5) **투**수계수에 대한 저항성이 큰 흙

		(6) **내**부마찰각이 큰 흙		
		(7) **균**등계수 : 자갈 4이상, 모래 6이상		
4		하천 제방의 누수원인		
	(1)	**기**초지반 누수	1) **연**약지반처리 불량	
			2) **홈**통 미설치	
			3) **차**수벽(지수벽) 시공불량	
	(2)	**제**체누수	1) **재**료불량	
			2) **다**짐불량	
			3) **비**탈덮기 불량	
			4) **앞**턱, 뒤턱, 축단 설치 불량	
5		제방누수 원인 = Fill Dam 누수 원인		

기초지반 원인	제체 원인
1) 투수층 원인	1) 단면부족
2) 파쇄대, 풍화대 기초처리 불량	2) 필터층 잘못 설계
3) 제체와 기초지반 접촉불량	3) 수압파쇄
4) 그라우팅 불량	4) 다짐불량
5) 기초처리 불량	5) 균열

6		제방의 누수방지 대책		
	(1)	**지**수벽 설치방법	1) **강**널말뚝(Steel Sheet Pile) 설치	
			2) **콘**크리트널말뚝(Concrete Sheet Pile) 설치	
			3) **심**벽공	① **콘**크리트 심벽
				② **불**투수성점토 심벽
	(2)	**제**방부지 확폭방법		③ **Che**mical Grouting
	(3)	**비**탈면 피복	1) **점**토	
			2) **콘**크리트	
			3) **차**수 Mat	

		(4) **B**lanket 설치방법	
		(5) **압**성토 설치방법	
		(6) **배**수용 집수정 설치	1) Drain Wall
		(7) **침**윤선 저하위한 Filter Zone 설치	2) Drain Trench
	7	**하천공작물(제방) 피해원인**	
		(1) **지**반세굴	
		(2) **지**반침하	
		(3) **토**사퇴적	
		(4) **유**목 등 충돌	
		(5) **유**목, 쓰레기 걸림	
	8	**호안의 종류**	
		(1) **제**방호안	
		(2) **고**수호안	
		(3) **저**수호안	
	9	**호안의 역할과 기능**	
		(1) **비**탈덮기 기능	
		(2) **비**탈멈춤 기능	
		(3) **밑**다짐 기능	
		(4) **기**초 기능	
		(5) **호**안머리 보호공 기능	
		(6) **세**굴방지기능	
		(7) **제**방붕괴 방지	
	10	**호안 공법의 종류**	
		(1) **비**탈덮기	
		1) **식**생공, 식생블럭	3) **돌**망태, 사석공
		2) **돌**붙임, 돌쌓기	4) **어**소 콘크리트 블록

		(2) 비탈멈춤		
		1) **깬**돌 붙임	2) **콘**크리트 붙임	3) **지**수벽 설치
		(3) **밑**다짐		
		1) **콘**크리트 블록		3) **사**석공
		2) **돌**망태		4) **침**상공
	11	(친환경) 호안의 종류		
완		(1) **친**수호안	1) **완**경사호안	
계			2) **경**관보전을 겸한 계단호안	
관			3) 기타 : **관**람석호안	
어		(2) **생**태계보전호안	1) **어**소블럭호안(어류보전호안)	
곤			2) **곤**충보전호안	
녹		(3) **경**관보전호안	1) **녹**화호안	
조			2) **조**경호안	
	12	호안구조와 시공관리		
		(1) **유**수전환(가물막이 : 가체절)		
		(2) **연**약지반처리		
		(3) **하**상준설		
		(4) **제**방쌓기(**연** + **재** + **다** + **배** + **층** + **구** + **동**)		
		(5) **호**안구조의 종류		
		1) **비**탈덮기공	2) **비**탈머리보호공	3) **기**초공
		4) **밑**다짐공	5) **측**단	
	13	호안의 파괴원인		
누		(1) **누**수(Piping 현상)		
세		(2) **세**굴		
사		(3) **사**면붕괴		
다		(4) **다**짐불량		

제	(5)	**제**체균열
재	(6)	**재**료불량
제	(7)	**제**방단면이 적은 경우
구	(8)	**구**멍
	14	**호안의 기능(= 호안의 파괴원인)**
	(1)	**세**굴 – 집중호우, 게릴라성 호우, 유수
		1) **기**초세굴 방지기능
		2) **법**면세굴
		3) **상**,하류 마감부
		4) **호**안 비탈머리부
		5) **제**방 법선의 굴곡이 심한 곳
	(2)	**흡**출 – 수위 급상승 및 급강하
		1) **뒷**채움 토사 유실방지
		2) **제**방부
	(3)	**월**류 – 준설 미실시
	15	**보의 종류**
	(1)	**설**치목적에 따른 분류
취		1) **취**수보
분		2) **분**류보
방		3) **방**조보
	(2)	**기**능별 분류
가		1) **가**동보 : 수문설치(배수구 + 배사구)
고		2) **고**정보 : 소하천에 설치(수문이 없음)
복		3) **복**합보
	(3)	**평**면 형상에 의한 분류
직		1) **직**선형

경		2) **경**사형
굴		3) **굴**절형
원		4) **원**호형
	16	**고정보 그림**
		(1) **고**정보 본체
		(2) **물**받이
		(3) **바**닥보호공
		(4) **차**수벽(JSP+Steel Sheet Pile+Concrete Caisson식)
	17	**가동보 그림**
		(1) **가**동보 본체
		(2) **물**받이
		(3) **바**닥보호공
		(4) **차**수벽
	18	**보의 차수공법 종류**
		(1) **콘**크리트 차수벽
		(2) **강**널말뚝 차수벽
		(3) **케**이슨 차수벽
		(4) **J**SP 에 의한 방법
	19	**보의 하부 하상 세굴원인**
		(1) **집**중호우
		(2) **수**문공사 완료전 방수
		(3) **유**량 집중
		(4) **유**속 증가
		(5) **홍**수시 -> 세립토가 다량 퇴적된 부분 -> 깊은 웅덩이 형성

| 20 | **보의 하부 하상 세굴 방지공법** |

(1) **사**석쌓기공

(2) **토**목섬유 시멘트 충전공 -> 시멘트 충전한 포대자루 설치

(3) **돌**망태공

(4) **바**닥보호공 확장시공

(5) **시**트파일공

(6) **콘**크리트 블록 매트공

CHAPTER 13

항만

Harbor

13장 항 만

	1	**방파제, 안벽 시공순서**			
연		(1)	**연**약지반 처리		
사		(2)	**사**석투하		
사		(3)	**사**석기초 고르기		
케		(4)	**케**이슨 거치		
	2	**사석기초 고르기 작업시 고려사항**			
수		(1)	**수**심이 깊고		
탁		(2)	**탁**도가 흐리고		
흐		(3)	**흐**름이 있는		
파		(4)	**파**도		
	3	**방파제의 구조형식(공법의 종류)**			
경	사	(1)	**경**사제	┌ 1)	**사**석 경사제
	인 블록			└ 2)	**인**공 Block 경사제
직	케	(2)	**직**립제	┌ 1)	**케**이슨식 직립제
	블록			│ 2)	**Block**식 직립제
	셀			└ 3)	**Cell** Block식 직립제
혼	케	(3)	**혼**성제	┌ 1)	**케**이슨식
	블록			│ 2)	**Block**식
	셀			└ 3)	**Cell** Block식
소		(4)	**소**파 Block 피복제		
	4	**접안시설의 종류**	**안벽**		
중		(1)	**중**력식 안벽		
	케		1) **Ca**isson식 안벽(대형 안벽)		
	L		2) **L**형 Block식 안벽(대형 안벽)		

셀		3) **Cell**ular Block식 안벽	
콘		4) 현장타설 **Con**crete식 안벽	
널	(2)	**널**말뚝식 계선안벽	
		1) **보**통 널말뚝식 안벽(대형 안벽)	
		2) **2**중 널말뚝식 안벽	
		3) **자**립 널말뚝식 안벽	
		4) **사**항 널말뚝식 안벽	
셀	(3)	**Cell**식 안벽	
		1) **강**널말뚝식 안벽	
		2) **파**형강판 Cell식 안벽	
잔	(4)	**잔**교식 계선안	
		1) **항**식 잔교	
		2) **원**통, 각통식 잔교	
		3) **교**각식 잔교	
부	(5)	**부**잔교	
		1) **철**근 콘크리트제 Pontoon	
		2) **강**재 Pontoon	
		3) **목**재 Pontoon	
		4) **P**SC Pontoon	① 항식 Dolphin
		5) **Dol**phin	② 강널말뚝식 Dolphin
		6) **계**선부표 및 유류하역용 부표(SPM	③ Caisson식 Dolphin
	5	**대형 안벽 설치공법 3가지**	
	(1)	**케**이슨식 안벽	
	(2)	**L**형 Block식 안벽	
	(3)	**보**통널말뚝식 안벽(강 Sheet Pile)	

	6	케이슨 시공순서
제	(1)	**제**작
진	(2)	**진**수
운	(3)	**운**반 : 3000t Crane
거	(4)	**거**치 : 3000t Crane
저	(5)	**저**반 Concrete 타설
속	(6)	**속**채움 Concrete 타설
정	(7)	**정**반 Concrete 타설
	7	항만 Caisson 진수공법의 종류
경	(1)	**경**사로에 의한 진수
건	(2)	**건**선거에 의한 진수
부	(3)	**부**선거에 의한 진수
가	(4)	**가**체절 방식에 의한 진수 : 가물막이식
기	(5)	**기**중기선에 의한 진수 : Crane
신	(6)	**Syn**chrolift에 의한 진수
사	(7)	**사**상진수
	8	(방파제+안벽) 항만공사 시공관리
제	(1)	Caisson의 **제**작 : 재 + 배 + 설
진	(2)	Caisson의 **진**수 : 경 + 건 + 부 + 가 + 기 + 신 + 사
운	(3)	Caisson의 **운**반
거	(4)	Caisson의 **거**치
저	(5)	Caisson의 **저**반콘크리트(수중콘크리트)
속	(6)	Caisson의 **속**채움콘크리트(수중콘크리트)
정	(7)	Caisson의 **정**반콘크리트
	9	매립 호안의 종류
	(1)	**목**책 호안

		(2) **널**말뚝 호안			
		(3) **Cell** 호안			
		(4) **사**석식 호안			
		(5) **중**력식 호안			
		(6) **콘**크리트 블럭식 호안			
	10	**비말대 그림 – 강재부식**　　　　비말대　　해양Concrete 타설			
			해상대기중	강재부식속도	
		H.W.L	비말대(Splash Zone)	0.3 mm/년	
		L.W.L	간만대(Inter-Tidel Zone)	0.2 mm/년	
			해수중(Immersion Zone)	0.02 mm/년	
		Sea Bed			
			해니중(Buried Zone)	0.03 mm/년	
	11	**준설선의 종류**			
		(1) **Pum**p 준설선　　+ 예인선, 토운선, 앵커바지			
		(2) **G**rab 준설선			
		(3) **Buck**et 준설선			
		(4) **Dip**per 준설선			
		(5) **Hop**per 준설선			
		(6) **쇄**암선			
	12	**준설선(토질별)의 종류 + 매립공법의 종류**			
뻠	사	(1) **Pum**p 준설선 – **사**질토 지층			
그	연	(2) **G**rab 준설선 – **연**약지반 지층			
버	자	(3) **Buck**et 준설선 – **자**갈섞인 토사층			
디	단	(4) **Dip**per 준설선 – **단**단한 토질			
호	점	(5) **Hop**per 준설선 – **점**성토			

쇄 암	(6) **쇄**암선 – **암**반층
13	**매립공사 문제점 = 준설 투기시 문제점**(Silt Pocket+유보율)

(1) **유**보율

$$유보율 = \frac{잔류토사량}{준설토사량} \times 100(\%)$$

1) **토질별** 유보율

① 점성토 : 70% 이하

② 사질토 : 75% ~ 95%

③ 자갈 : 95% 이상

2) 유보율 **증대방안** : Block 분할 투기

① Block 분할 투기

1구역	2구역	3구역
4구역	5구역	6구역

(대 Block) -> (소 Block)

② 방치기간을 길게 한다.

③ Stokes법칙 추정보다 실제는 토립자 응집(Floc)이 생겨 수십~수백배 빠르다

(2) **Sil**t Pocket 방지대책

Silt Pocket

CHAPTER 14

사면안정
Slope Stability

14장 사면안정

	1	**암반조사** <= 절토사면조사	
R	(1)	**암**분류시험	① **R**QD(Rock Quality Designation)
R			② **R**MR(Rock Mass Rating)
풍			③ **풍**화도
균			④ **균**열계수
Q			⑤ **Q** – System
S			⑥ **S**MR(Slope Mass Rating)
강	(2)	**원**위치	① **강**도시험 : 직접전단, 일축압축, 3축압축
투		현장시험	② **투**수시험 : Lugeon Test
변			③ **변**형시험 : Jacking Test
지			④ **지**압측정
타			⑤ **탄**성파 탐사
변	(3)	**계** 측	① **변**위측정
공			② **공**극수압측정
응			③ **응**력
하			④ **하**중, 토압
소			⑤ **소**음, 충격계수
	2	**지반내 탄성파(전달파)의 종류**	
	(1)	**표**면파(Surface Wave)	1) **R**파 : Rayleigh Wave
		-> 표토로 전파	2) **L**파 : Love Wave
	(2)	**체**적파(Body Wave)	1) **P**파 : 압축파
			2) **S**파 : 전단파
	3	**불연속면(절리)의 종류**	
	(1)	**절** 리	Joint

		(2)	층 리	Bedding
		(3)	엽 리	Schistosity
		(4)	단 층	Fault
	4	**불연속면(절리)의 특성**		
방		(1)	**방**향	
연		(2)	**연**속성	
강		(3)	**강**도	
충		(4)	**충**진물질	
간		(5)	**간**격	
틈		(6)	**틈**새	
투		(7)	**투**수성	
	5	**사면조사 내용**		
		(1)	**시**추조사	
		(2)	**시**험굴조사	
		(3)	**지**표지질조사	
		(4)	**물**리탐사 – 탄성파탐사, BIPS, 전기비저항탐사 등	
	6	**조성사면의 종류 및 붕괴형태**		
얕		(1)	절토사면	① **얕**은 표층 붕괴 : 사질토, 풍화암
깊				② **깊**은 표층 붕괴 : 점성토, 애추, 파쇄대
깊				③ **깊**은 절토 붕괴 : 애추, 절리가 발달된 암
얕		(2)	**성**토사면	① **얕**은 표층 붕괴 : 사질토, 화강토, 마사토
깊				② **깊**은 성토 붕괴 : 점성토, 지하수위 높은 사질토
기				③ **기**초지반 포함한 붕괴 : 연약지반
	7	**자연사면 붕괴**		
급		(1)	**급**경사지 붕괴 : 풍화된 사면	
Land		(2)	**Land** Slide적 붕괴 : 제3기층에 생기는 깊고 광범위한 붕괴	

산	(3)	**산**사태 : 유하거리 길고 암을 포함한 토사가 물과 일체가 되어 급속히 유하한다.		
	8	**Land Slide와 Land Creep의 차이점(비교)**		
		구 분	Land Slide	Land Creep
원		**원** 인	호우.융설.지진	강우.융설 지하수위 상승
발		**발**생시기	호우중	강우후 어느정도 시간이 지난 후
지		**지** 형	풍화암	파쇄대/제3기층/연질암대
			투수성이 좋은 사질토	
토		**토** 질	불연속층	점성토/연질암을 Sliding으로 한다.
상		**발**생상태	속도 : 빠르고 순간적	느리고 연속적
토		**활**동토괴	활동토괴가 교란된다.	원형에 가깝다.
규		**발**생규모	작다.	크다.
구		Sliding면**구**배	급경사	완경사
대		산사태 **대**책공법	법벽보호 : 식생공,식수공	배수 : 표면배수,지하배수,수평보링
			옹벽공 : 보강토 옹벽	강관말뚝공법,말뚝공,압성토
			배수 : 유공관,U형 측구	지하수 차단공,옹벽
	9	**사면붕괴의 주된 원인**		
호	(1)	**호** 우	※ **Mechanism**	
융	(2)	**융** 설	함수비 증가 -> 간극수압 상승	
지	(3)	**지** 진	-> 토압증가 -> 전단응력 증가	
진	(4)	**진** 동	-> 전단강도 상실 -> 붕괴	
동	(5)	**동**결융해		
배	(6)	**배**수불량		
다	(7)	**다**짐불량	시공상의 원인	
구	(8)	**구**배설계 잘못		
성	(9)	**성**토재료 불량		

	10	사면 붕괴원인 = 설계 및 시공상 원인
	(1)	**전단응력을 증가시키는 요인(외적원인)**
굴		1) **굴**착에 의한 흙의 제거
진		2) 지진, **진**동, 발파등의 충격
경		3) 지표면 **경**사각 증대
균		4) 인장응력에 의한 **균**열(Tension Crack)
공		5) 인공 또는 자연력에 의한 지하**공**동(Cavity) 형성
우		6) 건물, 물, 눈, **우**수등의 외력 작용
함		7) **함**수량 증가
수		8) 균열중의 **수**압
	(2)	**전단강도를 감소시키는 요인(내적원인)**
점		1) 흡수에 의한 **점**토 팽창
간		2) **간**극수압의 작용 : 유효응력 감소 -> $\tau = C + (\sigma - u)\tan \varnothing$
진		3) 지진, **진**동, 발파에 의한 전단강도 감소
인		4) 수축, 팽창, **인**장, 균열
동		5) **동**결 융해
	11	**암반사면 붕괴형태 + 붕괴원인**
원 불	(1)	**원**형파괴 - 불연속면의 방향이 **불**규칙한 경우
평 한	(2)	**평**면파괴 - 불연속면의 방향이 **한**쪽방향으로 발달한 경우
쐐 교	(3)	**쐐**기파괴 - 불연속면의 방향이 **교**차하는 경우
전 반	(4)	**전**도파괴 - 불연속면의 방향이 절취방향과 **반**대방향의 경우
	12	**토사사면의 붕괴형태**
저	(1)	사면의 **저**부파괴
선	(2)	사면의 **선**단파괴
내	(3)	사면의 **내**파괴

| 13 | **지반파괴형태 종류** |

(1) **전**반전단파괴(General Shear Failure)

(2) **국**부전단파괴(Local Shear Failure)

(3) **관**입전단파괴(Punching Shear Failure)

| 14 | **기능별 산사태 (암반비탈면) 대책공법의 종류** |

(1) **경**사도 완화

    1) **절**취공

(2) **암**반보강

    1) **락** 볼트(Rock Bolt)

    2) **락** 앵커(Rock Anchor)

    3) **Do**wel Bar

    4) **콘**크리트 버팀벽(Butterss)

    5) **S**hotcrete

(3) **간**극수압감소

    1) **수**평배수공

    2) **측**구배수공

(4) **표**면보호

    1) **식**생공(녹생토)

(5) **낙**석제어

    1) **낙**석방지망

    2) **낙**석방지책

    3) **면**정리(이완암 블록 제거)

    4) **낙**석흡수 도랑(Ditch)

    5) **링**네트(Ring Net)

    6) **낙**석복공(Rock Shed)

	15	친환경 사면안정공법의 종류
		(1) **평**떼 붙이기
		(2) **줄**떼 다지기
		(3) **선**떼 붙이기
		(4) **종**자 뿜어붙이기
		(5) **Ju**te net, Coir net 설치 녹화공법
		(6) **종**비토 뿜어붙이기
		(7) **Ne**t 잔디공법
		(8) **사**면격자틀 공법(Slope Free-frame Work)
		(9) **격**자틀 붙이기 공법(Latticed-block Pitching Work)
		10 **새**집붙이기공법
		(11) **사**면녹화파종공법(Seeding Work on Slope)
		(12) **G**eoweb공법
		(13) **식**생구멍심기공법
		(14) **낙**석방지망덮기공법
		(15) **식**생반심기공법
		(16) **식**생자루심기공법
		(17) **식**생대심기공법
		(18) **암**반녹화공법
		(19) **암**반사면 식생상자공법(Vegetation-box Planting Measures)
	16	절토공법의 종류
기		(1) **기**계식 공법
티		1) **T**BM (Hard Rock Tunnel Boring Machine)
비		2) **B**reaker
유		3) **유**압 Jack (유압 Rillerdozer)
로		4) **Ro**ad Header

줌		5) **Jum**bo Drill
발	(2)	**발**파공법
팽		1) **팽**창성 파쇄공법 　　⎰ ① Line Drilling
선		2) **Con**trol Blasting 　　⎱ ② Cushion Blasting
미		3) **미**진동 발파 　　　　⎰ ③ Presplitting
벤		4) **Ben**ch Cut 발파 　　⎱ ④ Smooth Blasting
	(3)	**DA**RDA
	(4)	**H**RS(Hydraulic Rock Splitter)
17		**소단설치 목적**
	(1)	**안**전점검로 활용
	(2)	사면**세**굴방지
	(3)	사면**침**식방지
	(4)	사면**붕**괴방지
18		**토석류(Debris Flow)**
	(1)	**토**석류의 정의
		돌발 홍수와 함께 흙, 자갈, 바위, 나무 등이 함께 유동하는 것을 토석류(Debris Flow)라 한다.
	(2)	**토**석류의 형태
		1) **사**면형 토석류 : 사면붕괴
		2) **수**로형 토석류 : 수위 및 유속의 급상승
	(3)	**토**석류 대책
		1) **De**bris Breaker 　　　6) Debris Rake
		2) **S**lit Dam 설치 　　　　7) Debris Frame
		3) **S**lot Dam 설치 　　　　8) Debris Grill
		4) **De**bris Dam 　　　　　9) 경사도 완화
		5) **Rin**g Net 설치

19	**Earth Anchor 최소심도 및 최소간격**

(1) **앵**커체의 최소심도 : ┌ 토사 -> 5.0m 이상
　　　　　　　　　　　　└ 암반 -> 1.5m 이상

(2) **앵**커의 최소간격 : 　　4D(D: 앵커체의 직경) 이상

20	**Earth Anchor의 자유장, 정착장 길이 산정 : 설계방법**

(1) $$\boxed{앵커축력(T) = \frac{P \cdot a}{\cos \alpha}}$$

여기서, P : 작용하중
　　　　a : 앵커 수평간격
　　　　α : 앵커 경사각

(2) 인장재 본수

$$\boxed{n = \frac{T}{P_a}}$$

여기서, T : 앵커출력
　　　　P_a : 앵커의 허용인장력

(3) 정착길이 산정(L_a) : L_{a_1}과 L_{a_2} 중 큰 값

$$\boxed{L = A_1 = \frac{T \cdot F_s}{\pi \cdot D \cdot \tau}} : 앵커체와\ 지반마찰$$

여기서, F_s : 안전율
　　　　D : 앵커체 직경
　　　　τ : 앵커체 주면마찰력(현장인발시험으로 구할 수 있으며 설계시는 경험치를 보통 적용함)

(4) 자유길이 산정

$45° + \dfrac{\phi}{2}$ 선으로부터 $0.15H$(H : 굴착깊이) 떨어진 거리까지로 한다.

21	**Earth Anchor 파괴의 원인(메커니즘) 및 유지관리(계측)**

(1) **어**스앵커 파괴메카니즘

　1) **앵**커 인장재 파단

　2) **부**착길이 부족 파괴

　3) **정**착길이 부족 파괴

　4) **자**유길이 부족 파괴

　5) **진**행성 파괴(Progressive Failure)

	(2)	**유**지관리 계측
		1) **인**발시험
		2) **인**장시험
		3) **확**인시험
22		**절토사면에서 안정해석해야하는 경우(안정검토가 필요한 절토비탈면)**
	(1)	**이**암지대
	(2)	**응**회암지대
	(3)	**풍**화가 심한 절토비탈면
	(4)	**용**수가 많은 경우
	(5)	**대**절토사면(H=20m이상)
	(6)	**층**리
	(7)	**절**리
	(8)	**불**연속면이 많은 비탈면
	(9)	**흑**연층지대
	(10)	**점**토지반
	(11)	**단**층대
	(12)	**파**쇄대가 많은 지반 => 필히 안정검토한다.

CHAPTER 15

연약지반
Soft Ground Modification

15장 연 약 지 반

	1	**연약지반에 (구조물)시공시 문제점＋공법선정＋검토항목**
		(1) 연약지반의 **정의**
		(2) 연약지반 **조사**
		(3) **문제점**
침		1) **침**하
안		2) **안**정
측		3) **측**방유동
		(4) **설계시 검토항목**
		1) **침**하량
		2) **침**하시간
		3) **압**밀도
		(5) **공법 선정시 고려사항**
		1) **시**공성
		2) **경**제성
		3) **안**정성
		4) **공**사기간
		5) **압**밀층의 깊이
		6) **상**부구조물의 종류
		7) **민**원
		8) **토**질 – 점성토 or 사질토
		9) **재**료의 구득여부
		10) **건**설공해

	2	연약지반의 판정방법(기준)			
		구 분	이탄질 또는 점토질 지반		사질토 지반
		층두께	10m 미만	10m 이상	–
		SPT N치	4 이하	6 이하	10 이하
		1축압축강도 q_u	0.6 이하	0.6 이하	1.0 이하
		※ 1축압축강도	$q_u = 2 \times C = N/8$		$q_u = 0.2 q_c$

		3	연약지반 특성	
			(1) 점토	(2) 사질토
예	액		1) **예**민비가 크고	1) **액**상화가 일어나기 쉽고
Thix	상		2) **Thix**otropy현상에 의해 강도변화가 크고	2) **상**대밀도가 작고
Le	D		3) **Le**aching 현상이 크게 일어나고	3) **D**ilatancy에 의해 액상화가 크고
He	Q		4) **He**aving 현상이 크고	4) **Q**uick Sand
동	B		5) **동**상현상이 많고	5) **B**oiling
연	P		6) **연**화현상이 심하고	6) **P**iping
부			7) **부**마찰력이 일어나기 쉽고	=> 이 일어나기 쉬운 지반
침			8) **침**하가 크게 일어나는 지반	

		4	심도별 연약지반 개량공법		
			(1) **점**성토 지반개량공법(준설매립지)		**개량심도별**
치	기	5	1) **치**환공법 ┌ ① **기**계적 굴착방법		5m
	폭		│ ② **폭**파치환공법		
	강		│ ③ **강**제치환공법		
	동		└ ④ **동**치환공법(Dynamic Replacement)		
압	P	5	2) **압**밀공법 ┌ ① **P**reloding(선재하)		5m
	압		= 강제압밀 └ ② **압**성토(Counter Balance)		
탈	S	30	3) **탈**수공법 ┌ ① **SD** : Sand Drain		20~30m
	P		└ ② **PD** : Paper Drain		

P			③ **P**aD : Pack Drain	
P			④ **P**BD : Plastic Board Drain	
			⑤ **P**ic : Pack Twist Check Drain	
			⑥ **P**VC : Prefabricated Vertical Drain (합성섬유)	
배	5	4) **배**수공법	① **D**eep Well	5m
			② **W**ell Point	
고	5	5) **고**결공법	① **생**석회 말뚝공법	5m
생			② **소**결공법	
소			③ **전**기침투압 = 강제배수공법	
전			④ **전**기화학적 고결법	SSR
전			⑤ **전**기화학, 용융법	LW
			⑥ **약**액주입공법	JSP
				RJP
		(2) **모**래(사질토)지반 개량공법		Jet Grouting
				DCM
진	20	1) **진**동다짐공법(VF) : Vibrofloatation	-> 수평진동	
다	30	2) **모**래다짐말뚝공법(SCP) : Sand Compaction Pile -> 상하진동		
폭	5	3) **폭**파다짐공법		
전	5	4) **전**기충격공법		
약	5	5) **약**액주입공법 ① LW + ② SGR + ③ JSP + ④ CGS + ⑤ RJP		
동	5	6) **동**압밀공법(Dynamic Consolidation) = 동다짐공법(Dynamic Compaction)		
	5	**(매립지) 표층처리공법의 종류**		
		(1) **표**층 배수공법		
		(2) **샌**드매트공법(Sand Mat)		
		(3) **토**목섬유공법(Geosynthetic)		
		(4) **표**층 혼합처리공법		
		(5) **P**TM공법(Progressive Trench Method)		
		(6) **수**평 진공배수공법		

	6	지하 배수공법의 종류			
			(1) 지수공법		(2) 배수공법
		전면지수	① **강**널말뚝공법	**중**력배수	① **표**면배수
			② **S**lurry Wall		② **지**하배수
			③ **주**열공법		③ **D**eep Well
		국부적지수	① **주**입공법	**강**제배수	① **W**ell Point
			– Cement Milk 약액		② **전**기침투공법
			② **동**결공법		③ **진**공흡입공법
	7	Geosynthetic(토목섬유)			
		(1) Geosynthetic의 종류		(2) Geosynthetic의 기능	
T	배	1) Geo–**t**extile		1) **배**수기능	
M	분	2) Geo–**m**embrane		2) **분**리기능	
G	필	3) Geo–**g**rid		3) **F**ilter기능	
C	보	4) Geo–**c**omposite		4) **보**강기능	
	방			5) **방**수기능	
	차			6) **차**단기능	
	8	PBD **통**수능력 영향요인			
		(1) **측**압의 영향			
		(2) **동**수구배의 영향			
		(3) **P**BD의 변형(뒤틀림+접힘)			
		(4) **공**기 기포의 영향(진공 Pump로 공기 제거)			
		(5) **S**and Mat의 Well Resistance			
	9	연직배수재의 변형형태(Smear Effect+Well Resistance영향요인)			
		(1) **B**ending(휨)			
		(2) **T**wisting(뒤틀림)			
		(3) **F**olding(접힘)			

(4) **K**inking(꼬임)

(5) **L**ateral Pressure(횡압에의한변형)

| 10 | **연직배수공법의 (압밀속도)에 영향을 미치는 요인** |

(1) **연**직배수재(PBD)의 타설간격

(2) **S**mear Zone(3~4D)

(3) **S**and Mat의 통수능력

(4) **W**ell Resistance(유수저항)

(5) **S**and Mat의 Well Resistance

| 11 | **연직배수공법의 (PBD)특징** |

(1) **압**밀침하 속도가 빠르다

(2) **점**성토에 유리

(3) **최**대 시공심도 33m~50m

(4) **평**균 시공심도 : 20m

(5) **N**치 10이상은 관입 곤란

(6) **지**반교란이 적다

| 12 | **연직배수공법의 (PBD)실패원인대책** |

(1) **연**직배수재의 재료불량

(2) **연**직도불량

(3) **S**and Mat 재료불량

(4) **S**mear Effect

(5) **W**ell Resistance

(6) **급**속시공

(7) **타**설간격불량

(8) **연**직배수재의 짤리고+접히고+뒤틀리고+꼬임현상으로 인한 배수불량

13		**연직배수공법의 종류와 사용재료**
	(1)	**S**and Drain(모래기둥 직경 30cm) : 시공심도 20~30m
	(2)	**P**aper Drain(Drain Paper) : 시공심도 20~30m
	(3)	**P**ack Drain(모래주머니 직경12cm) : 시공심도 20~30m
	(4)	**P**ack Twist Check(모래주머니 직경12cm) : 시공심도 20~30m
	(5)	**P**BD(Plastic Board Drain : Plastic Board) : 시공심도 20~30m
	(6)	**P**VD(Prefabricated Vertical Drain) : 합성섬유 : 시공심도 20~30m
14		**고압분사 주입공법**
		정의 : 주입압 200~400kgf/cm^{2}정도되는 -> 고압으로 분사하는 약액주입공법을 말한다.
	(1)	**J**SP
		2중관으로 400kgf/cm^2 압력, Grout + 공기병용 분사기
	(2)	**R**JP
		3중관으로 400kgf/cm^2 압력, 물+공기+Grout병용 -> Jet Grout
	(3)	**J**et Grouting
		200~400kgf/cm^2
15		**DCM : 심층혼합처리공법의 특징** ⇒ **안벽기초개량**
	(1)	**2**~64m까지 시공이 가능
	(2)	**시**공속도가 빠르다
	(3)	**7**일이면 60%강도가 발현됨
	(4)	**지**수벽(차수벽)으로 이용이 가능
	(5)	**주**변지반 침하가 적다(2~3kg/cm^{2}의 저압으로 시공)
	(6)	**R**od를 연결하면 2단 시공도 가능
	(7)	**N**치 40미만 지반에도 시공이 가능
	(8)	**해**상지반개량에 유리
	(9)	**육**상에도 시공이 가능

16 측방유동 대책공법 종류

대상부분	개량원리	대책공법
1) 뒷채움	1) 편재하중경감	① Box Culvert ② EPS ③ Slag ④ 성토지지 말뚝
2) 성토부	1) 배면토압경감	① 소형 교대 ② AC공법 ③ 압성토
3) 연약 지반부	1) 압밀촉진에 의한 지반강도 증대 2) 화학반응에 의한 지반강도 증대 3) 치환에 의한 지반개량	① SCP ② Preloading ① 생석회 말뚝 ② 주입공법 ① 치환공법
4) 교대부	1) 교대형식 2) 교대치수	① 소형교대 ② AC공법 ③ 벽식교대 지양 ① 교축방향 길이 증대
5) 기초부	1) 기초형식 2) 기초강성증대	① 케이슨 기초 지양 ① 성토지지말뚝 ② 버팀 Slab

17 계측의 목적

(1) **임**박한 위험의 징후를 발견하기 위한 계측

(2) **시**공중에 위험에 대한 정보를 주는 계측

(3) **시**공방법을 개선하기 위한 계측

(4) **소**송시 증거를 위한 계측

(5) **지**역의 특이한 경향을 파악하기 위한 계측 (민사+형사소송+민원)

		(6) **이**론을 검증하기 위한 계측		
		(7) **언**더피닝(Underpinning)에 선행하는 계측		
	18	**계측 계획 수립시 고려사항**		
		(1) **공**사의 개요		
		(2) **지**반여건 및 주위환경		
		(3) **계**측의 목적		
		(4) **계**측범위와 계측위치		
		(5) **계**기의 종류와 수량		
		(6) **계**기의 설치 및 유지방법		
		(7) **계**측인원의 확보		
		(8) **계**측 결과의 수집, 보관 및 분류양식		
		(9) **계**측결과의 해석방법		
		(10) **계**측결과를 시공에 반영할 수 있는 체계		
	19	연약지반계측항목	+ 계측기기	+ 설치위치
침	(1)	**침**하량 측정	: 침하판	지표면
경	(2)	**경**사측정	: 경사계	사면끝단
간	(3)	**간**극수압측정	: 간극수압계	지중
지	(4)	**지**하수측정	: 지하수위계	지중
수	(5)	**수**위측정	: 수위계	지중
	20	**계측의 종류와 설치 위치(그림설명)**		
		1) **침하측정**		
지		① **지**표면 침하측정		
심		② **심**층 침하측정		
		2) **변위측정**		
변		① **변**위측정		

지		② **지**중변위측정	
경		③ **경**사의 측정	
토		④ **토**압측정	
간		⑤ **간**극수압측정	
	21	**연약지반 침하량 예측방법 3가지 (계측결과로 예측)**	⎫
		(1) **쌍**곡선법	⎪ 연약지반상
		(2) **호**시노법	⎬ 성토공
		(3) **아**사오카법	⎪ 안정관리
	22	**연약지반 성토공 안정관리 기법 3가지 (계측결과로 안정해석)**	⎪
		(1) **수**평변위 <--> 침하량 관계로 해석	⎪
		(2) **침**하량 <--> 수평변위/침하량 관계로 해석	⎪
		(3) **수**평변위 속도에 의한 방법 --> 1~2cm/일 이상 => 불안정	⎭

CHAPTER 16

토류벽

Earth Retaining Wall

Professional Engineer Civil Engineering Execution

16장 토 류 벽

1. 토류벽 조사항목

- 지 1) **지**반조사
- 토 2) **토**질조사
- 지 3) **지**하수조사
- 형 4) **지**형조사
- 인 5) **인**접 구조물 조사
- 지매 6) **지**하 매설물 조사

굴착바닥 (토질별)변형원인+대책
1. 사질토: Boiling
2. 점성토: Heaving

2. 토류벽 설계시 검토항목

- 토 1) **토**압,수압
- He 2) **He**aving ⎤
- Bo 3) **Bo**iling ⎦ 흙막이 굴착 바닥면 파괴원인
- 사 4) **사**면안정 및 붕괴
- 가 5) **가**구(Strut, Wale) 설계
- 이 6) **이**음부 설계
- 시정 7) **시**공 **정**밀도

3. 토류벽 공법의 종류

(1) **재**료에 의한 분류

- H 1) **H**-말뚝 흙막이판 공법 : 개수성
- 강 2) **강**널말뚝 공법(Steel Sheet Pile)
- 강 3) **강**관널말뚝 공법
- S 4) **S**lurry Wall 공법 : 대규모 차수성 토류벽
  ① **주**열식
  ② **벽**식(CIP+MIP+PIP)

(2) **지**지방식에 의한 분류

버		1) **버**팀대식(Strut)	
Ear		2) **Ear**th Anchor	
Top		3) **Top** – Down	
	4	**토류벽 시공계획**	
흙벽		1) **흙**막이**벽**의 대책 : H 강 강 S 버 Ear Top	
가형		2) **가**구**형**식의 선택(Strut, Wale, 브라켓, 브레이싱)	
터		3) **터**파기 계획	
지		4) **지**반침하대책 계획(하수처리, 비닐)	
우		5) **우**수처리(비닐덮기)	
	5	**Open Cut (지하굴착공사에서 지하수+진동+주변지반 침하원인+대책)**	
		(1) **지**하수의 문제점 및 대책	

문 제 점	대 책
1) **피**압수에 의한 굴착저면 솟음	1) **차**수성 토류벽 : Slurry Wall
2) **지**하수위 저하로 부등침하	2) **배**면차수공법 : LW, SGR
3) **B**oiling 및 Heaving	JSP

(2) **진**동

문 제 점	대 책
1) **발**파 및 장비 진동	1) **고**주파 장비 천공
2) **모**래지반 – 액상화	2) **팽**창성 파쇄공법
3) **점**토지반 – 압밀침하	3) **방**진구 설치 – 0.5kine이하 관리

(3) **지**반침하

문 제 점	대 책
1) **장**비 진동 및 과도한 굴착	1) **S**lurry Wall 공법
2) **B**oiling 및 Heaving 발생	2) **배**면약액주입 : LW, SGR

(4) **S**heet Pile 인발시 공극, 진동 발생 => 1) **절**단 및 매몰
　　　　　　　　　　　　　　　　　　　　2) **충**전

	6	**계측의 목적**		
시		(1) **시**공성 향상		
경		(2) **경**제성 개선		
안		(3) **안**정성 확인		
설		(4) **설**계, 시공에 반영(Feed Back)		
시		(5) **시**공관리(안전도모, 복공시기)		
주		(6) **주**변환경에의 영향관리		
자		(7) **자**료수집		
설		(8) **설**계타당성 평가		
설		(9) **설**계변경 자료로 활용		
소		(10) **소**송자료에 활용		
	7	**계측 계획수립시 고려사항**		
		(1) **공**사의 개요		
		(2) **지**반여건 및 주위 환경		
		(3) **계**측의 목적		
		(4) **계**측의 범위와 계측 위치		
		(5) **계**기의 종류와 수량		
		(6) **계**기의 설치와 유지방법		
		(7) **계**측 인원		
		(8) **계**측결과의 수집, 보관, 분류 양식		
		(9) **계**측결과의 해석방법		
		(10) **계**측결과를 시공에 반영할 수 있는 체계		
	8	**토류벽 계측항목 + 계측기기 설치위치 선정시 고려사항**		
		종 류	계측항목 및 용도	위 치
경		1) **경**사계	인접지반 수평변위 측정	토류벽, 배면지반
지		2) **지**하수위계	지하수위 변화 측정	토류벽, 배면지반

간		3) **간**극수압계	과잉간극수압 변화 측정	토류벽배면
토		4) **토**압계	토압의 변화 측정	토류벽, 배면지반
하		5) **하**중계	축하중 변화상태 측정	Strut, Anchor부
변		6) **변**형률계	응력변화 측정	Strut, 띠장,
Til		7) **Til**tmeter	구조물 기울어짐 측정	인접 구조물
지 중		8) **지중**침하계	각 층별 침하량 상태 파악	토류벽, 배면지반
지 표		9) **지표**침하계	지표면의 침하량 측정	토류벽, 배면지반
균		10) **균**열측정기	주변 구조물의 균열 측정	인접 구조물
진		11) **진**동소음측정기	굴착, 항타, 발파등	정온시설 부근

9 **가물막이 공법의 종류**

(1) **자립형**

1) **토**사축제

2) **강**널말뚝(Steel Sheet Pile)에 의한 것

① **1**단 물막이(한겹 Sheet Pile식)

② **2**단 물막이(두겹 Sheet Pile식)

③ **C**ell형 물막이(직선형 널말뚝)

④ **R**ing Beam 공법

3) **버**팀대형 Steel Sheet Pile

① **한**겹 Steel Sheet Pile

② **두**겹 Steel Sheet Pile

4) **특**수공법

① **강**관 널말뚝

② **강**관 널말뚝 **우**물통

③ **S**lurry Wall(지중연속벽 공법)

CHAPTER 17

옹벽

Earth Retaining Structure

Professional Engineer Civil Engineering Execution

17장 옹 벽

		1	옹벽의 안정검토	2	옹벽시공시 문제점(유의사항)
활	배	(1)	활동	(1)	배수공
전	뒷	(2)	전도	(2)	뒷채움
침	줄	(3)	침하	(3)	줄눈부
		3	보강토공법의 종류		
T		(1)	Texsol		
G		(2)	Geosynthetic		
보		(3)	보강토 옹벽		
		4	콘크리트 옹벽과 Texsol옹벽의 비교		

No	구 분	콘크리트 옹벽	Texsol 옹벽
1	**경**제성	비싸다	기계화 시공이므로 비용절감 효과
2	**조**경효과	미적 감각이 전무	표면에 잔디식재 가능 (환경개선효과)
3	**내**구성	50년	100년
4	**침**하에 대한 안정성	적은 부등침하에도 균열발생	부등침하의 영향을 받지 않음
5	**자**재수급	파동에 따라 곤란	자재수급이 용이
6	**시**공속도	공기가 많이 소요	단기간에 대량 시공
7	**인**력수급	현장 투입인원 多	현장 투입인원 小
8	**품**질관리	어렵다	간단하다.
9	**보**수 및 복구방법	부분보수가 어렵고 장기간 소요됨.	부분보수가 용이 단기간 복구작업 가능

| 5 | 옹벽 배수공법의 종류 |

(1) **뒷**채움 흙이 조립토인 경우 그림.

    1) **물**구멍 : ϕ 60~100mm PVC Pipe

    2) **저**면에 유공관(다공 파이프) 및 필터재 설치

(2) **배**수가 불량한 사질토의 경우

    1) **물**구멍 : ϕ 60~100mm PVC Pipe

    2) **배**면에 30cm의 배수층(블랑킷 배수층) 설치

(3) **뒷**채움 흙이 세립토인 경우

    1) **물**구멍 : ϕ 60~100mm PVC Pipe

    2) **배**면에 30cm의 배수층(블랑킷 배수층) 설치

    3) **저**면에 유공관(다공 파이프) 및 필터재 설치

    4) **팽**창성 점토의 경우 이중 블랑킷(Blanket) 배수층 설치

| 6 | 보강토옹벽의 코너부 균열원인 |

(1) **오목 우각부** 균열 원인+대책

    1) **이**격거리 : 7cm이상 그림.

(2) **볼록우각부** 균열 원인

    1) **보**강재가 겹쳐서 발생(마찰력손실)

| 7 | 보강토옹벽 안정검토 방법 |

(1) **내적안정검토**

    1) 보강띠 절단안전율 = $\dfrac{\text{보강띠항복강도}}{\text{보강띠작용력}}$

    2) 보강띠 인발 = $\dfrac{\text{보강띠에 작용하는 마찰력}}{\text{보강띠 작용력}}$

(2) **외적안정검토**

    1) **활**동

    2) **전**도

3) **침**하

4) **액**상화

5) **측**방유동검토

CHAPTER 18

공정관리
Progress Control

18장 공정관리

	1	공사관리 Circle 4단계
P	(1)	**P**lan(계획)
D	(2)	**D**o(시행)
C	(3)	**C**heck(확인)
A	(4)	**A**ction(조치)
	2	공사관리 5대 요소
공	(1)	**공**정관리(Plan+Do+Check+Action)
품	(2)	**품**질관리
원	(3)	**원**가관리(공사비내역 체계)
안	(4)	**안**전관리
환	(5)	**환**경관리(소진수폐/토토대/기지지동식)
	3	일정관리

(1) 일정관리의 의의

예정공정표와 실시공정표를 대비하여 전체 공기를 준수할 목적으로 공정관리를 하는 것을 말한다.

1) **작**업감시 : 작업진도 보고

2) **실**적비교 : 실제 수행작업과 계획 비교

3) **시**정조치 : 일정 차질에 대한 시정

4) **일**정경신 : 잔여 공사에 대한 일정 수정

(2) 현황지수

$$\text{진도지수 PI} = \frac{\text{실제 진도}}{\text{예상 진도}}$$

$$\text{비용지수 CI} = \frac{\text{예상 비용}}{\text{현재까지 실투입비}}$$

현황지수 SI = 진도지수(PI) × 비용지수(CI)

(3) **일정관리의 순서도**

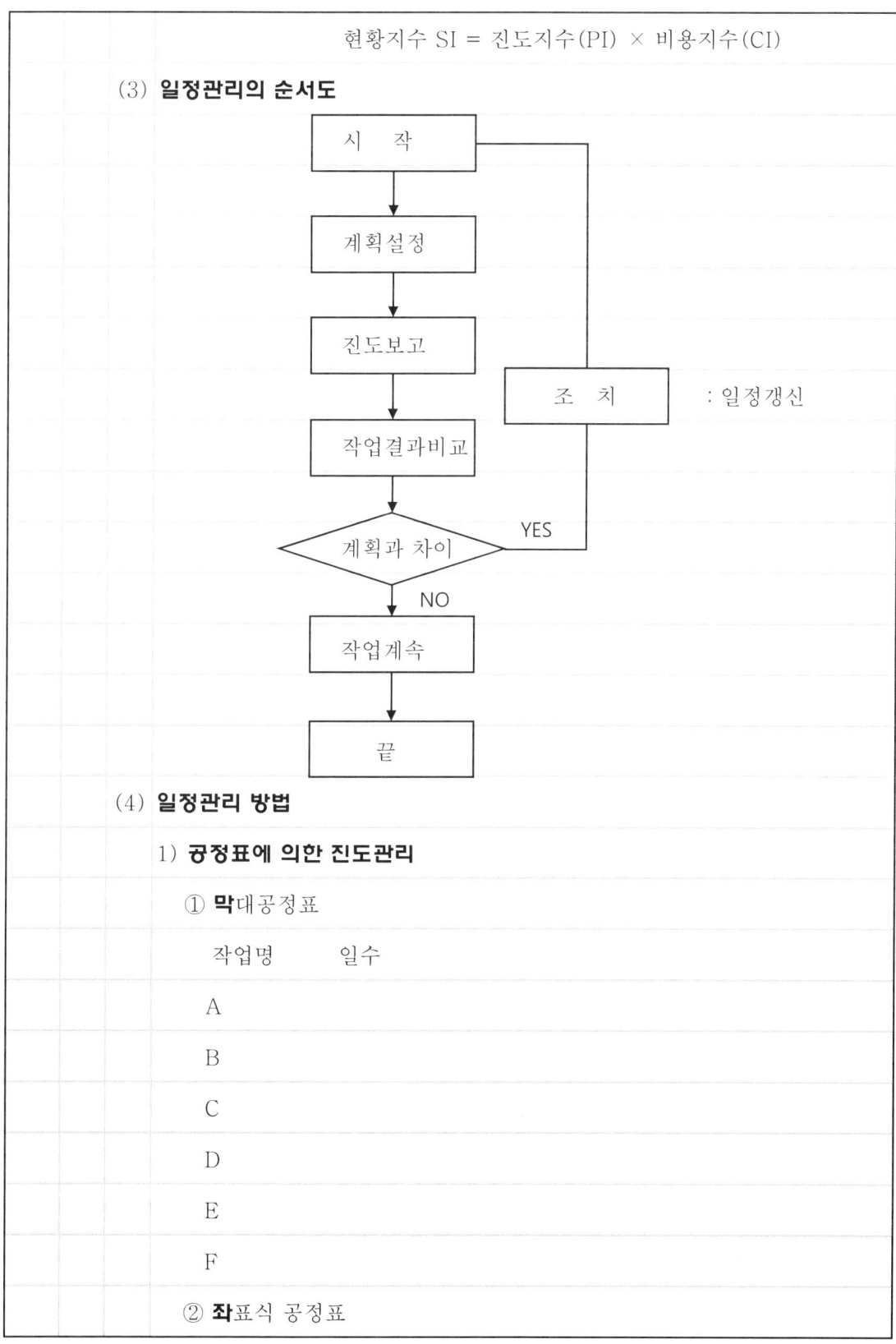

(4) **일정관리 방법**

1) **공정표에 의한 진도관리**

① **막**대공정표

작업명	일수
A	
B	
C	
D	
E	
F	

② **좌**표식 공정표

			③ 네트워크 공정표
			2) 공정관리곡선(바나나곡선)에 의한 진도관리
			A : 공정이 너무 빠르다 -> 비경제적
			B : 공정이 적정
			C : 공정이 너무 늦다 -> 촉진
			D : 하한계 -> 분발
	4		**구조물 해체공법**
S		(1)	**S**teel Ball에 의한 공법
D		(2)	**D**rill & Blast
W		(3)	**W**ater Jet
A		(4)	**A**ir Jet
W		(5)	**W**ire Saw
B		(6)	**B**reaker(Backhoe에 Breaker 장착)
팽		(7)	**팽**창성 파쇄공법
기		(8)	**기**계 절단방식
폭		(9)	**폭**파공법
	5		**건설폐기물의 종류**
토		(1)	**토**사
오		(2)	**오**니
폐		(3)	**폐**콘크리트
폐		(4)	**폐**아스팔트
종		(5)	**종**이류
금		(6)	**금**속류
폐		(7)	**폐**유리
폐		(8)	**폐**플라스틱류

	6		**건설폐기물의 재활용**
보		(1)	**보**수공사
콘		(2)	**콘**크리트 제조용
포		(3)	**포**장타르
아		(4)	**아**스팔트 혼합물
유		(5)	**유**화아스팔트
파		(6)	**파**쇄골재용
토		(7)	**토**공의 성토재료 및 복구용
매		(8)	**매**립지의 복토용
	7		**건설폐기물의 재활용시 기술적 문제점**
품		(1)	**품**질저하
재		(2)	**재**생콘크리트의 경우 건조수축 균열이 커진다.
재		(3)	**재**생콘크리트의 경우 강도가 저하된다.
염		(4)	**염**해에 약하다.
중		(5)	**중**성화에 약하다.
알		(6)	**알**칼리골재 반응등의 문제가 있다.
성		(7)	**성**토재료(노상,보조기층,기층,구조물 뒷채움)에 사용시 지지력이 작다.
	8		**환경영향평가 항목(건설공해 원인과 대책)**
사	인	(1) **사**회,경제환경	1) **인**구
	산		2) **산**업
	교		3) **교**육
	문		4) **문**화
생	소	(2) **생**활환경	1) **소**음
	진		2) **진**동
	수		3) **수**질
	폐		4) **폐**기물

				5) **토**양오염
자	**토**	(3) **자**연환경		6) **토**질오염
	토			7) **대**기질
	대		1) **기**상	
	기		2) **지**형	
	지		3) **지**질	
	지		4) **동**,**식**물상태	
	동 **식**			
9	Claim(분쟁)의 발생원인+해결방법			
	(1) **발생원인**(Claim+분쟁)			
	1) **설**계서와 현장조건 상이			
	2) **발**주처에서 공사내용변경지시			
	3) **발**주처에서 공사수행독촉			
	4) **천**재지변(불가항력)			
	(2) **해결방법**			
	1) **건**설분쟁조정위원회			
	2) **하**도급분쟁조정위원회			
	3) **조**달청분쟁조정위원회			
	4) **국**제계약분쟁조정위원회			
	5) **법**원(민사소송)			
10	**설변조건(국가계약법 시행령65조)**			
	(1) 설계서 상호불일치			
	(2) 설계서의 누락, 오류			
	(3) 설계서와 현장상태가 상이한 경우			
	(4) 신기술+신공법에 의한 설계변경			
	(5) 발주처의 요청에 의한 설계변경			

CHAPTER 19

상하수도
Water & Sewerage

19장 상하수도

	1	**지하매설관(상.하수도관)의 기초형식**
자	(1)	**자**갈기초
침	(2)	**침**목기초
사	(3)	**사**다리 기초
말	(4)	**말**뚝기초
콘	(5)	**콘**크리트기초
S	(6)	**S**and Cushion 기초
W	(7)	**W**ell Point 공법 등 지반개량하는 공법
	2	**지하매설관의 기초형식(상수도관+하수도관)**

No	관종 \ 지반		경질토 보통토	연약토	극연약토
1	**강**성관 (하수)	1) 철근콘크리트관	벼개동목 쇄석기초 모래기초	콘크리트 기초	철근콘크리트 기초 말뚝기초
		2) 도관	벼개동목 쇄석기초 모래기초	쇄석기초 콘크리트 기초	철근콘크리트 기초
2	**연**성관 (상수)	1) 경질염화비닐관	모래기초	모래기초 Bed Geotextile 기초 Soil Cement 기초	콘크리트+모래기초 Bed Geotextile 기초 Soil Cement 기초 말뚝기초
		2) 연성주철관 강관	모래기초	모래기초	모래기초 콘크리트+모래기초 사다리 동목기초

	3	**지하매설관 종류**
	(1)	**상**수도관
	(2)	**하**수도관
	(3)	**L**NG 가스관
	(4)	**전**력전신 + 통신관로
	(5)	**송**유관
	4	**하수관 조사방법(불명수 침투 조사방법)**
육	(1)	**육**안검사
시	(2)	**C**CTV조사
염	(3)	**염**료조사
음	(4)	**음**향조사
	5	**하수도관 시공검사(확인방법)**
	(1)	**분**류식 오수관과 800mm 미만의 합류식 10%이상 수밀검사
	(2)	**관**경 800mm 이상 관은 육안검사
	(3)	**800**mm이하 10% 이상에 대하여 CCTV로 접합부 검사 실시
	(4)	**우**수, 오수관의 오접방지를 위한 관의 색깔 차별화한다.
	6	**하수관거 수밀시험방법**
주	(1)	**주**수방법
양	(2)	**양**수방법
공	(3)	**공**기주입방법
	7	**하수관거의 종류**
	(1)	**도**관
	(2)	**철**근콘크리트관(흄관)
	(3)	**경**질염화비닐관
	(4)	**P**C 철근콘크리트 직사각형거
	(5)	**현**장타설 철근콘크리트 관거

		8	하수관거의 연결방법
소		(1)	**소**켓연결(Socket Joint)
맞		(2)	**맞**물림연결(Butt Joint)
칼		(3)	**칼**라연결(Collar Joint)
		9	지하 매설관의 누수원인
		(1)	**재**료불량
			1) **관**, 연결 부속설비의 재질 및 구조 부적절
			2) **부**식에 의한 강도저하
			3) **재**료의 경년 열화
		(2)	**시**공상의 원인
			1) **기**초침하
			2) **뒷**채움 재료 불량
			3) **연**결부의 탈락 : Flange 접합, Socket and Spigot Type
			4) **동**파 누수 : 동결심도 $Z = C\sqrt{F}$ -> 매설 심도의 부족
			5) **이**음등의 접합 불량
			6) **타**구조물과의 접촉
		(3)	**설**계상의 원인
			1) **설**계오류
			2) **방**식공법의 부적합
			3) **이**종금속에 의한 전위차
			4) **수**압, 수질(내부 부식)
			5) **수**격압(Water Hammer)
			6) **온**도변화
		(4)	**외**부요인
			1) **교**통하중
			2) **지**진등의 재해

		3) **토**양 오염 및 누수방치
		4) **타**공사에 의한 손상
	10	**철도 하부횡단 공법의 종류**
		(1) **F**ront Jacking 공법
		(2) **P**ipe Roof 공법
		(3) **M**esser Shield 공법
		(4) **T**RCM(Tubular Roof Construction Method) 공법
		(5) **P**CR(Prestessed Concrete Method) 공법
		(6) **U**RT(Under Railway Tunnelling Method) 공법
		(7) **J**ES(Jointed Element Structure Method) 공법
		(8) **C**AM 공법(Cellular Arch Method)
	11	**Front Jacking 공법의 종류 및 특징**
편		(1) **편**측견인공법
상		(2) **상**호견인공법
분		(3) **분**할견인공법
	12	**하수관정비공사 내용 (세관+갱생공사)**
		(1) 세관공사
		1) **S**craper 공법
		2) **W**ater Jet
		3) **P**olly Pig
		4) **A**ir Sand 공법
		5) **R**otary식(Auger회전)
		(2) 갱생공법
		1) **E**poxy Lining
		2) **C**ement Mortor Linning
		3) **관**내 관삽입공법

13	하수관 청소방법 5가지
	(1) **고**압세척차
	(2) **진**공흡입차
	(3) **Buck**et 준설식
	(4) **Bl**ower식 오니흡입차

14	상수도관의 종류
	(1) **주**철관
	(2) **D**uctile Cast Iron관
	(3) **도**복장강관
	(4) **P**E관
	(5) **P**C관

예상문제 모음집

85회부터 101회까지

Professional Engineer Civil Engineering Execution

CHAPTER 01

콘크리트
Concrete

Professional Engineer Civil Engineering Execution

NO	과목	회수	교시	출제문제[용어]
1	콘크리트	85	1	콘크리트의 블리딩(Bleeding) 및 레이턴스(Laitance)
2	콘크리트	85	1	콘크리트의 탄산화(Carbonation)
3	콘크리트	85	1	균열유발줄눈
4	콘크리트	85	1	PS 강재의 리랙세이션(Relaxation)
5	콘크리트	86	1	매스콘크리트(Mass Concrete)에서의 온도 균열
6	콘크리트	87	1	고유동콘크리트
7	콘크리트	88	1	폴리머 시멘트 콘크리트(Polymer-Modified Concrete : PMC)
8	콘크리트	88	1	알칼리 골재반응
9	콘크리트	89	1	고내구성 콘크리트
10	콘크리트	89	1	설계기준강도와 배합강도
11	콘크리트	90	1	골재의 조립률(FM)
12	콘크리트	91	1	현장배합과 시방배합
13	콘크리트	91	1	PSC 강재 그라우팅
14	콘크리트	91	1	물-결합재 비
15	콘크리트	91	1	콘크리트의 인장강도
16	콘크리트	92	1	순환골재 콘크리트 : 재생골재콘크리트
17	콘크리트	92	1	콘크리트 자기수축현상
18	콘크리트	92	1	팽창콘크리트
19	콘크리트	92	1	환경지수와 내구지수 【내구성지수】
20	콘크리트	92	1	SCF(Self Climbing Form)
21	콘크리트	93	1	수중불분리성 콘크리트

NO	과목	회수	교시	출제문제[용어]
22	콘크리트	93	1	철근과 콘크리트의 부착강도
23	콘크리트	94	1	잔골재율(s/a)
24	콘크리트	94	1	수밀콘크리트와 수중콘크리트
25	콘크리트	94	1	Prestress의 손실
26	콘크리트	95	1	포장콘크리트의 배합기준
27	콘크리트	95	1	진공콘크리트(Vacuum Processed Concrete)
28	콘크리트	95	1	교각의 슬립폼(Slip Form)
29	콘크리트	95	1	공칭강도와 설계강도
30	콘크리트	96	1	철근콘크리트 보의 내하력과 유효높이
31	콘크리트	96	1	시공상세도 필요성
32	콘크리트	96	1	콘크리트 폭열현상
33	콘크리트	97	1	철근 배근 검사 항목
34	콘크리트	97	1	콘크리트의 보수재료 선정기준
35	콘크리트	97	1	물보라 지역(Splash Zone)의 해양콘크리트 타설
36	콘크리트	98	1	콘크리트의 배합 결정에 필요한 항목
37	콘크리트	99	1	수화조절제
38	콘크리트	99	1	콘크리트의 철근 최소피복두께
39	콘크리트	99	1	지연줄눈(Delay Joint, Shrinkage Strip, Pour Strip)
40	콘크리트	99	1	슬립폼공법
41	콘크리트	100	1	Pop Out 현상
42	콘크리트	100	1	콘크리트의 수축보상(Shrinkage Compensating)

NO	과목	회수	교시	출제문제[용어]
43	콘크리트	101	1	구조물의 신축이음과 균열유발이음
44	콘크리트	101	1	가로좌굴(Interal Bucking)
45	콘크리트	101	1	양생지연(Curing Delay)
46	콘크리트	101	1	수중 콘크리트
47	콘크리트	101	1	경량골재의 특성과 경량골재계수

NO	과목	회수	교시	출제문제[공법]
1	콘크리트	85	2	콘크리트 구조물에 화재가 발생했을 때 콘크리트의 손상평가방법과 보수·보강대책을 설명하시오.
2	콘크리트	85	3	해양콘크리트의 내구성 확보를 위한 시공시 유의사항을 설명하시오.
3	콘크리트	85	4	수중불분리성 콘크리트의 특징 및 시공시 유의사항을 설명하시오
4	콘크리트	85	4	레디믹스트콘크리트(Ready-mixed Concrete) 제품의 불량원인과 그 방지대책을 설명하시오.
5	콘크리트	85	4	콘크리트 고교각(高橋脚)시공법의 종류와 특징 및 시공시 고려사항을 설명하시오.
6	콘크리트	86	3	콘크리트 시공시에 성능강화를 위해 첨가되는 혼화재료의 사용목적과 선정시 고려사항 및 종류에 대하여 설명하시오.
7	콘크리트	87	3	콘크리트에서 발생하는 균열을 원인별로 구분하고 시공시 방지대책을 설명하시오.
8	콘크리트	88	3	레미콘(Ready Mixed Concrete)의 품질확보를 위한 품질규정에 대해서 설명하시오.
9	콘크리트	89	3	콘크리트 구조물에서 발생되는 균열의 종류, 발생원인 및 보수보강 방법에 대하여 기술하시오.
10	콘크리트	90	4	원자력발전소 건설에 사용하는 방사선 차폐용 콘크리트(Radiation Shielding Concrete)의 재료·배합 및 시공시 유의사항을 설명하시오.
11	콘크리트	90	4	공사현장의 콘크리트 배치플랜트(Batch Plant) 운영방안을 설명하시오.
12	콘크리트	91	2	시멘트의 풍화 원인, 풍화 과정, 풍화된 시멘트의 성질과 풍화된 시멘트를 사용한 콘크리트의 품질을 설명하시오.
13	콘크리트	91	4	RCCD+콘크리트포장+콘크리트댐 : 빈배합 콘크리트의 품질 용도에 대하여 설명하시오.

NO	과목	회수	교시	출제문제[공법]
14	콘크리트	92	4	Prepacked concrete : 프리플레이스트 콘크리트(Preplaced Concrete)공법을 적용하는 공사를 열거하고 시공방법 및 유의사항
15	콘크리트	92	4	매스(Mass)콘크리트에 발생하는 온도응력에 의한 균열의 제어대책에 대하여 설명하시오.
16	콘크리트	93	3	수중교각건설 : 수중 교각공사에서 시공관리시 관리할 항목별 내용과 관리시의 유의사항
17	콘크리트	93	3	노면복공 : 혼잡한 도심지를 통과하는 도시철도의 노면 복공계획시 조사사항과 검토사항
18	콘크리트	93	3	거푸집+동바리 : 경간장 15m, 높이 12m 인 콘크리트 라멘교의 시공계획서 작성시 필요한 내용
19	콘크리트	93	4	내구성 : 내구성을 저하시키는 요인 및 내구성 증진방안
20	콘크리트	93	4	해상콘크리트 타설장비 : 해상 콘크리트타설에 사용되는 장비의 종류를 들고 환경오염방지 대책
21	콘크리트	94	2	열화+내구성 : 콘크리트구조물의 열화에 영향을 미치는 인자들의 상호관계 및 내구성 향상방안
22	콘크리트	94	3	양생 : 콘크리트의 양생 메카니즘과 양생의 종류 나열 설명
23	콘크리트	95	2	교량의 균열 원인별로 분류하고 보수재료 평가기준
24	콘크리트	96	2	고유동콘크리트의 유동특성에 영향을 주는 요인
25	콘크리트	96	4	교량공사에서 슬래브(Slab) 거푸집 제거 후 균열 등의 결함이 발생되어 보수공사를 하고자 한다. 사용보수재료의 체적변화를 유발하는 영향인자들을 열거하고 적합성 검토방법
26	콘크리트	97	2	콘크리트의 마무리성(Finishability) 에 영향을 주는 인자를 쓰고 개선방안 설명
27	콘크리트	97	4	프리스트레스트 콘크리트 시공시 긴장제의 배치와 거푸집 및 동바리 설치시의 유의사항

NO	과목	회수	교시	출제문제[공법]
28	콘크리트	99	2	교량구조물 상부슬래브 시공을 위해 동바리 받침으로 설계되어 있을때 동바리 시공전 조치사항
29	콘크리트	99	2	콘크리트의 동해 원인 및 방지대책
30	콘크리트	99	4	콘크리트 지하구조물 균열에 대한 보수/ 보강공법과 공법 선정시 유의사항
31	콘크리트	100	2	가설공사에서 강관비계의 조립기준과 조립해체시 현장 안전 시공을 위한 대책
32	콘크리트	100	4	화학적 요인에 의하여 구조물에 발생되는 균열에 대하여 설명
33	콘크리트	100	4	콘크리트 구조물에서 수화열이 구조물에 미치는 영향에 대하여 설명
34	콘크리트	101	2	슬래브 콘크리트가 벽 또는 기둥 콘크리트와 연속되어 있는 경우에 콘크리트타설시 발생하는 침하균열에 대한 조치와 콘크리트 다지기의 경우 내부진동기를 사용할 때의 주의사항을 설명하시오.
35	콘크리트	101	3	콘크리트 운반 타설 전 검토하여야 할 사항을 설명하시오
36	콘크리트	101	4	레미콘의 운반시간이 콘크리트의 품질에 미치는 영향 및 대책을 설명하시오.

CHAPTER 02

시공관리

Construction Management

NO	과목	회수	교시	출제문제[용어]
1	시공관리	85	1	공사계약금액 조정을 위한 물가변동률
2	시공관리	85	1	부영양화(Eutrophication)
3	시공관리	85	1	순수형 CM(CM for fee) 계약 방식
4	시공관리	85	1	BOT(Build Own Transfer)
5	시공관리	86	1	단지조성공사시 GIS(Geographic Information System)기법을 이용한 지하시설물도 작성
6	시공관리	86	1	가상건설시스템(Virtual Construction System)
7	시공관리	86	1	건설분야 LCA(Life Cycle Assesment)
8	시공관리	86	1	수급인의 하자담보책임
9	시공관리	88	1	총공사비의 구성요소
10	시공관리	88	1	건설분야 RFID(Radio Frequency Identification)
11	시공관리	89	1	비상주 감리원
12	시공관리	89	1	비용편익비(B/C Ratio)
13	시공관리	90	1	용역형 건설사업관리(CM for Fee)
14	시공관리	91	1	실적공사비
15	시공관리	92	1	환경지수와 내구지수 【내구성지수】
16	시공관리	94	1	건설자동화(Construction Automation)
17	시공관리	98	1	추가공사에서 Additional work 와 Extra work 의 비교
18	시공관리	99	1	안전관리계획 수립 대상 공사의 종류
19	시공관리	100	1	현장안전관리를 위한 현장소장의 직무
20	시공관리	100	1	프로젝트금융(PF : Project Financing)

| 21 | 시공관리 | 100 | 1 | 물량내역수정입찰제 |
| 22 | 시공관리 | 101 | 1 | 공사 착수전 확인측량 |

PART 02 예상문제 모음집

NO	과목	회수	교시	출제문제[공법]
1	시공관리	86	2	큰 하천을 횡단하는 교량시공시 기상조건을 고려한 방재대책과 이에 따른 공정계획수립상 유의사항을 설명하시오.
2	시공관리	86	2	최근 공사규모가 대형화되고 공기가 촉박해지면서 공기준수를 위해 설계시공병행(Fast-Track)방식의공사발주가 활성화되고 있다. 공사책임자로서 설계 후 시공의 순차적 공사진행방식과 설계시공병행방식의 개요와 장단점을 비교하고 설계시공병행방식에서 이용 가능한
3	시공관리	86	3	대규모 단지조성 공사지 건설관련 개별법이 정한 인허가 협의 의견해소와+용지에 관련된 사업구역확장 등 사업준공과 목적물 인계인수를 위해 분야별로 조치해야할 사항을 설명하시오
4	시공관리	86	4	최근 해외공사 수주가 급증하고 있다. 해외건설공사에 대한 위험관리(Risk Management)에 대하여 설명하시오.
5	시공관리	87	2	S OC사업의 공사중 환경민원 등의 갈등해결 방안을 설명하시오.
6	시공관리	88	2	건설 프로젝트의 단계(기획, 설계, 시공, 유지관리)별 건설사업관리(CM)의 주요 업무내용을 설명
7	시공관리	89	2	표준품셈 적산방식과 실적공사비 적산방식을 비교하여 기술하시오.
8	시공관리	89	2	장마철 대형공사장의 주요 점검사항 및 집중호우로 인한 재해를 방지하기 위한 조치사항을 기술하시오.
9	시공관리	89	3	품질관리비 산출에 대하여 최근 개정된 품질시험비 산출 단위량 기준(국토해양부 고시)내용을 중심으로 설명하시오.
10	시공관리	90	4	건설공사 현장의 사고예방을 위한 건설기술관리법에 규정된 안전관리계획을 설명하시오.
11	시공관리	91	4	국토해양부 장관이 고시한 [책임감리 현장참여자 업무지침서]에서 각 구성원(발주처, 감리원, 시공자)의 공사시행단계별 업무에 대하여 설명하시오.
12	시공관리	92	3	Claim : 건설공사에서 발생하는 분쟁의 종류를 열거하고 방지대책

13	시공관리	92	4	최근 사회간접자본(SOC)예산은 도로, 철도사업이 큰폭으로 감소하고 있고, 대책방안으로 도입한 민자사업에 대하여도 많은 문제점이 나타나고 있다. 정부의 SOC예산의 바람직한 투자방향 설명
14	시공관리	93	2	Escalation : 현재 공공기관과의 공사계약에서 물가변동으로 인한 계약금액 조정을 발주기관에 요청할 경우, 물가변동 조정금액 산출방법(85회)
15	시공관리	94	2	Risk Management : 건설사업관리(CM)에서 위험관리(Risk Management)와 안전관리(Safety Management)
16	시공관리	94	4	BIM : 건설공사에서 BIM(Building Information Modeling)을 이용한 시공효율화 방안
17	시공관리	94	4	교량내진보강방법 : 최근 지진발생 증가에 따라 기존 교량의 피해발생이 예상된다. 기존에 사용 중인 교량에 대한 내진 보강방안
18	시공관리	95	3	공사계약금액 조정의 요인+조정 방법
19	시공관리	95	3	건설재해예방 유해+위험방지 계획서
20	시공관리	96	3	예정가격 작성시 실적공사비 적산방식을 적용하고자 한다. 문제점 및 개선방향
21	시공관리	96	4	해외건설 프로젝트 견적서 작성시 예비공사비 항목
22	시공관리	97	4	지반환경에서 쓰레기 매립물의 침하특성과 폐기물 매립장의 안정에 대한 검토사항
23	시공관리	101	4	재난 및 안전관리기본법에서 정의하는 각종 재난·재해의 종류와 예방대책 및 재난·재해 발생 시 대응방안에 대하여 설명하시오.

CHAPTER 03

건설기계

Construction Equipment

Professional Engineer Civil Engineering Execution

NO	과목	회수	교시	출제문제[용어]
1	건설기계	85	1	건설기계의 손료
2	건설기계	90	1	건설기계의 시공효율
3	건설기계	93	1	건설기계의 조합원칙
4	건설기계	94	1	흙의 입도분포에 의한 주행성(Trafficability) 판단
5	건설기계	95	1	건설기계의 주행저항
6	건설기계	96	1	흙의 입도분포에 의한 기계화시공방법 판단기준
7	건설기계	97	1	건설기계의 트래피커빌리티(Trafficability)

NO	과목	회수	교시	출제문제[공법]
1	건설기계	85	3	기계화 시공계획 수립순서 및 내용을 건설기계의 운용관리면을 중심으로 설명하시오
2	건설기계	86	4	대단위 산업단지 성토를 육상토취장 토사와 해상준설토로 매립하고자 한다. 육·해상 구분하여 성토재의 재취, 운반, 다짐에 필요한 장비조합을 설명하시오.(성토물량과 공기 등은 가정하여 계획할 것)
3	건설기계	87	4	토공사에 투입되는 장비의 선정시 고려사항과 작업능률을 높일 수 있는 방안을 설명하시오.
4	건설기계	91	3	절·성토시 건설기계의 조합 및 기종선정 방법을 설명하시오.
5	건설기계	97	3	대단지 토공에서 장비계획시 장비 배분(Allocation)의 필요성과 장비 평준화(Leveling) 방법
6	건설기계	97	4	토질조건 및 시공조건에 따른 흙다짐 기계의 선정
7	건설기계	99	3	토공사 현장에서 시공계획 수립을 위한 사전조사 내용을 열거하고 장비 선정시 고려 사항
8	건설기계	99	4	도로 건설현장에서 장기간에 걸쳐 우기가 지속될 경우 공사 연속성을 위하여 효과적으로 건설장비의 Trafficability를 유지하기 위한 방안

CHAPTER 04

토공
Earth Work

Professional Engineer Civil Engineering Execution

NO	과목	회수	교시	출제문제[용어]
1	토공	85	1	최적함수비(OMC)
2	토공	85	1	N 값의 수정
3	토공	85	1	경량성토공법
4	토공	86	1	단지조성공사시 GIS(Geographic Information System)기법을 이용한 지하시설물도 작성
5	토공	86	1	측방유동
6	토공	87	1	평판재하시험 결과 이용시 주의사항
7	토공	87	1	예민비(Thixotropy)
8	토공	89	1	표준관입시험(SPT)
9	토공	89	1	과소압밀(Under Consolidation) 점토
10	토공	90	1	흙의 연경도(Consistency)
11	토공	90	1	CBR(California Bearing Ratio)
12	토공	90	1	흙의 액상화(Liquefaction)
13	토공	90	1	랜드크리프(Land Creep)
14	토공	90	1	유선망(Flow Net)
15	토공	91	1	측방유동
16	토공	92	1	토량환산계수
17	토공	92	1	필댐(Fill Dam) 의 수압파쇄현상 : 수압파쇄
18	토공	92	1	내부마찰각과 N값의 상관관계
19	토공	93	1	최적함수비(OMC)
20	토공	94	1	흙의 통일분류법(USCS : Unified Soil Classification System)

NO	과목	회수	교시	출제문제[용어]
21	토공	94	1	유토곡선(Mass Curve)
22	토공	95	1	흙의 다짐원리
23	토공	95	1	토공의 다짐도 판정방법
24	토공	95	1	평판재하시험(PBT)적용시 유의사항
25	토공	96	1	흙의 입도분포에 의한 기계화시공방법 판단기준
26	토공	96	1	침투수력(Seepage Force)
27	토공	96	1	Land Slide와 Land Creep
28	토공	97	1	평판재하시험 결과 적용시 고려사항
29	토공	98	1	하천공사에서 지층별 수리특성파악을 위한 조사내용
30	토공	98	1	영공기 간극곡선(Zero Air Void Curve)
31	토공	98	1	흙의 소성도(Plasticity Chart)
32	토공	99	1	도로 동결융해
33	토공	100	1	한계성토고
34	토공	100	1	용적팽창현상(Bulking)
35	토공	100	1	가중크리프비(Weight Creep Ratio)
36	토공	100	1	비화작용(Slaking)
37	토공	100	1	토석정보시스템(EIS : Earth Information System)
38	토공	101	1	침윤세굴(Seepage Erosion)

NO	과목	회수	교시	출제문제[공법]
1	토공	85	2	성토시 구조물 접속부의 부등침하 방지대책을 설명하시오
2	토공	85	4	연약지반상에 설치된 교대의 측방이동의 원인 및 그 대책을 설명하시오
3	토공	86	2	Asphalt포장공사에서 교량 시종점부의 파손(부등침하균열 및 포트홀(Pot Hole 등))발생원인 및 대책에 대하여 설명하시오
4	토공	86	2	단지조성시 성토부의 지하시설물 시공방법 중 성토 후 재터파기하여 지하시설물을 시공하는 방법과 성토전 지하시설물을 먼저 시공하고 되메우기하는 방법에 대하여 설명하시오.
5	토공	86	4	대단위 산업단지 성토를 육상토취장 토사와 해상준설토로 매립하고자 한다. 육·해상 구분하여 성토재의 재취, 운반, 다짐에 필요한 장비조합을 설명하시오.(성토물량과 공기 등은 가정하여 계획할 것)
6	토공	86	4	건설공사의 사면 절취에서 관련지침 및 부서 협의시 환경훼손의 최소화 차원에서 최대 절취높이를 점차 줄여나가고 있다. 이에 절취 사면의 안정과 유지관리에 유리한 환경 친화적인 조치방법을 설명하시오
7	토공	87	4	토공사에 투입되는 장비의 선정시 고려사항과 작업능률을 높일 수 있는 방안을 설명하시오.
8	토공	88	4	지하구조물 시공시 지하수위에 따른 양압력의 영향 검토 및 대처방법에 대하여 설명하시오.
9	토공	90	2	도로포장공사에서 흙의 다짐도관리를 품질관리측면에서 설명하시오.
10	토공	90	4	신설도로공사에서 연약지반 구간에 지하횡단 박스컬버트(Box Culvert) 설치시 검토사항과 시공시 유의사항을 설명하시오.
11	토공	92	3	교대 및 암거 등의 구조물과 토공 접속부에서 발생하는 단차의 원인을 열거하고, 원인별 방지공법

NO	과목	회수	교시	출제문제[공법]
12	토공	92	3	액상화 : 액상화 검토대상 토층과 발생 예측기법을 열거하고, 불안정시 원리별 처리공법
13	토공	94	2	성토재료 : 대단위 성토공사에서 요구되는 조건에 따라 성토재료의 조사내용을 열거하고안정성 및 취급성
14	토공	95	2	성토재료의 선정요령
15	토공	95	3	유토곡선(Mass Curve) 평균이동거리 산출요령+활용상 유의할 사항
16	토공	96	2	토사의 암석재료를 병용하여 흙쌓기 하고자 한다. 흙쌓기 다짐시 유의사항과 현장다짐 관리방법
17	토공	96	3	수중 암굴착을 지상 암굴착과 비교해서 설명하고 수중 암굴착시 적용장비
18	토공	97	4	지반환경에서 쓰레기 매립물의 침하특성과 폐기물 매립장의 안정에 대한 검토사항
19	토공	98	2	연약한 이탄지반에 도로구조물을 축조하려할 때 적절한 지반개량 공법시공시 예상되는 문제점과+기술적 대응방법
20	토공	101	3	하수처리장 기초가 지하수위 아래에 위치할 경우 양압력의 발생 원인 및 대책을 설명하시오.

| CHAPTER | 05

도로
Road

Professional Engineer Civil Engineering Execution

NO	과목	회수	교시	출제문제[용어]
1	도로	86	1	장수명 포장
2	도로	86	1	철도의 강화노반(Reinforced Roadbed)
3	도로	87	1	교량의 교면방수
4	도로	88	1	롤러다짐콘크리트포장(Roll Compacted Concrete Pavement : RCCP)
5	도로	88	1	포장의 그루빙(Grooving)
6	도로	89	1	저탄소 중온 아스팔트콘크리트 포장
7	도로	90	1	도로의 평탄성측정방법(PRI)
8	도로	90	1	줄눈 콘크리트포장
9	도로	90	1	개질아스팔트
10	도로	94	1	PTC P : 포스트텐션 도로포장
11	도로	94	1	흙의 입도분포에 의한 주행성(Trafficability) 판단
12	도로	95	1	아스팔트(Asphalt)의 소성변형
13	도로	95	1	포장콘크리트의 배합기준
14	도로	95	1	아스팔트콘크리트의 반사균열
15	도로	97	1	공용중의 아스팔트포장 균열
16	도로	99	1	도로 동결융해
17	도로	99	1	철도공사시 캔트(Cant)
18	도로	100	1	마샬(Marshall) 시험에 의한 설계아스팔트량 결정방법
19	도로	101	1	콘크리트 포장의 소음 저감

NO	과목	회수	교시	출제문제[공법]
1	도로	85	2	투수성 포장과 배수성 포장의 특징 및 시공시 유의사항을 설명하시오.
2	도로	86	2	Asphalt포장공사에서 교량 시종점부의 파손(부등침하균열 및 포트홀(Pot Hole 등))발생원인 및 대책에 대하여 설명하시오.
3	도로	87	3	아스팔트 포장을 위한 Work flow의 예를 작성하고 시험시공을 통한 포장품질 확보 방안을 설명하시오.
4	도로	88	4	아스팔트 콘크리트 포장에서 표층재생공법(Surface Recycling Method)의 특징 및 시공요점을 설명
5	도로	90	3	아스팔트콘크리트포장공사에서 혼합물의 포설량이 500t/일일 때, 시공단계별 포설장비를 선정하고각 장비의 특성과 시공시 유의사항을 설명하시오.
6	도로	91	2	Pot-Hole : 아스팔트 포장의 포트홀(Pot-Hole) 저감대책을 설명하시오.
7	도로	92	2	소성변형이 많이 발생한다. 발생 원인을 열거하고 방지대책 및 보수방법
8	도로	93	3	동상 : 동상(Frost Heaving)의 발생원인과 방지대책
9	도로	93	3	CRCP 파손 : 연속 철근콘크리트포장의 공용성에 영향을 미치는 파괴유형과 그 원인 및 보수공법
10	도로	94	3	포장줄눈 : 시멘트콘크리트 포장에서 줄눈의 종류, 기능 및 시공방법
11	도로	94	4	아스콘포장다짐+PrⅠ : 아스팔트콘크리트 포장공사에서 포장의 내구성확보를 위한 다짐작업별 다짐장비선정과 다짐시 내구성에 미치는 영향 및 마무리 평탄성 판단기준
12	도로	95	4	혹서기 시멘트 콘크리트 포장시공+콘크리트치기 시방기준과 품질관리 검사
13	도로	96	4	연장 20km인 2차선도로(폭 2m 표층 3cm) 의 아스팔트 포장공사를 위한 시공계획중장비조합과 시험포장

NO	과목	회수	교시	출제문제[공법]
14	도로	97	3	콘크리트 포장에서 사용되는 최적배합(Optimize Mix)의 개념과 시공을 위한 세부공정
15	도로	98	2	GUSS 아스팔트 포장의 특성과 강상형 교면포장으로 GUSS 아스팔트포장을 시공하는 경우시공순서와+중점관리사항
16	도로	99	3	교면 포장용 아스팔트 혼합물 선정시 고려사항 및 시공시 유의사항
17	도로	100	4	아스팔트포장 도로의 포트홀(Pot Hole) 발생원인과 방지대책을 설명
18	도로	101	4	도로 및 단지조성공사시 책임기술자로서 사전조사 항목을 포함한 시공계획을 설명하시오.

CHAPTER 06

기초
Foundation

NO	과목	회수	교시	출제문제[용어]
1	기초	86	1	항만공사용 Suction Pile
2	기초	87	1	보상기초(Compensated foundation)
3	기초	87	1	돗바늘공법(Rotator type all casing)
4	기초	88	1	사항(斜杭)
5	기초	89	1	말뚝시공방법 중 타입공법과 매입공법
6	기초	91	1	말뚝의 시간효과(Time Effect)
7	기초	93	1	강재의 전기방식(電氣防蝕)
8	기초	94	1	말뚝의 주면마찰력(정마찰＋부마찰)
9	기초	97	1	내부 굴착 말뚝
10	기초	98	1	강관말뚝의 부식원인과 방지대책
11	기초	98	1	폐단말뚝과 개단말뚝
12	기초	99	1	말뚝의 폐색효과(Plugging)
13	기초	100	1	앵커볼트매입공법

NO	과목	회수	교시	출제문제[공법]
1	기초	85	3	현장타설 콘크리트말뚝공법 중에서 RCD(Reverse Circulation Drill) 공법의 장·단점과 시공시 유의사항에 대하여 설명하시오.
2	기초	86	3	단층파쇄대에 설치되는 현장타설 말뚝 시공법과 시공시 유의사항을 설명하시오.
3	기초	87	2	매입말뚝공법의 종류와 특성을 기술하고 시공시 유의사항을 설명하시오.
4	기초	87	3	세굴에 의한 교량기초의 파손 및 유실이 종종 발생하고 있다. 교량기초의 세굴 예측기법과 방지공법에 대해 설명하시오.
5	기초	88	2	기초에서 말뚝 지지력을 평가하는 방법에 대하여 설명하시오.
6	기초	88	2	우물통케이슨의 현장 침하시 작용하는 저항력의 종류와 침하를 촉진시키기 위한 방안을 설명하시오.
7	기초	89	4	콘크리트 말뚝에 종 방향으로 발생되는 균열의 원인과 대책에 대하여 기술하시오.
8	기초	90	3	말뚝기초의 지지력예측방법 중에서 말뚝재하시험에 의한 방법과 원위치시험(SPT, CPT, PMT)에 의한 방법을 설명하시오.
9	기초	90	4	교대 경사말뚝의 특성 및 시공시 문제점과 대책을 설명하시오.
10	기초	91	3	RCD : 교량의 깊은 기초에 사용되는 대구경 현장타설 말뚝공법의 종류를 들고, 하나의 공법을 선택하여 시공관리사항에 대하여 설명하시오.
11	기초	92	2	대구경 강관 말뚝의 국부좌굴의 원인을 열거하고, 시공시 유의사항
12	기초	92	4	강구조물 연결방법의 종류를 열거하고, 강재부식의 문제점 및 대책에 대하여 설명
13	기초	93	2	RCD : 리버스 서큘레이션 드릴(Reverse Circulation Drill)공법의 시공법, 품질관리와 희생강관 말뚝의 역할

NO	과목	회수	교시	출제문제[공법]
14	기초	94	2	사장교+현기초공법 : 최근 수심이 20m 이상인 비교적 유속이 빠른 해상에 사장교나 현수교와 같은 특수교량이 시공되는 사례가 많다. 이때 적용 가능한 교각 기초형식의 종류
15	기초	94	4	강관항타시 시공계획 : 항만공사에서 잔교구조물 축조시 대구경(Φ600) 강관파일(사항 포함)타입에 관한 시공계획서 작성 및 중점착안사항
16	기초	95	4	지하구조물의 부상(浮上) 원인+대책
17	기초	95	4	기초말뚝의 최소 중심 간격과 말뚝 배열
18	기초	96	2	강관말뚝 시공시 발생하는 문제점을 열거하고 원인과 대책
19	기초	97	3	말뚝기초의 종류를 열거하고 시공적 측면에서의 특징
20	기초	98	3	대구경 RCD(Reverse Circulation Drill)공법에 의한 장대교량기초 시공 시 유의사항 및+장.단점
21	기초	98	4	강관말뚝의 두부보강공법 및 말뚝체와 확대기초 접합방법의 특성에 대하여 설명

CHAPTER 07

암석과 암반
Rock & Rock Mass

NO	과목	회수	교시	출제문제[용어]
1	암석과 암반	87	1	Discontinuity(불연속면)
2	암석과 암반	99	1	산성암반 배수(Acid Rock Drainage)

NO	과목	회수	교시	출제문제[공법]
1	암석과 암반	87	4	NATM 터널의 막장 관찰과 일상계측 방법을 기술하고 시공시 고려사항에 대하여 설명하시오.

CHAPTER 08

터널
Tunnel

Professional Engineer Civil Engineering Execution

NO	과목	회수	교시	출제문제[용어]
1	터널	88	1	스무스 브라스팅(Smooth Blasting)
2	터널	88	1	GPR (Ground Penetrating Rader)탐사
3	터널	88	1	프런트 잭킹 공법(Front Jacking)
4	터널	89	1	RBM(Raised Boring Machine)
5	터널	89	1	TSP(Tunnel Seismic Profiling) 탐사
6	터널	91	1	Segment의 이음방식(쉴드터널)
7	터널	92	1	벤치컷(Bench Cut) 공법
8	터널	93	1	H형 강말뚝에 의한 슬래브의 개구부 보강
9	터널	93	1	터널의 페이스 매핑(Face Mapping)
10	터널	93	1	개착터널의 계측빈도
11	터널	94	1	터널의 여굴발생 원인 및 방지대책
12	터널	94	1	터널의 인버트 정의 및 역할 : Invert Concrete
13	터널	96	1	지불선(Pay Line)
14	터널	97	1	막장 지지코어 공법
15	터널	97	1	터널 발파시의 진동저감대책
16	터널	98	1	암반의 Q-system 분류
17	터널	98	1	수직갱에서의 RC(Raise Climber)공법
18	터널	99	1	인공지반(터널의 갱구부)
19	터널	101	1	침매공법

NO	과목	회수	교시	출제문제[공법]
1	터널	85	3	산악 터널에서 발생하는 지하수 용출에 따른 문제점과 대책을 설명하시오
2	터널	85	4	NATM 터널의 숏크리트 작업에서 터널 각 부분(측벽부, 아치부, 인버트부, 용수부)의 시공시 유의사항과 분진대책을 설명하시오.
3	터널	86	2	NATM터널 시공시 지보패턴을 결정하기 위한 공사전 및 공사 중 세부시행 사항을 설명하시오.
4	터널	86	3	주요간선도로를 횡단하는 송수관로(직경2m, 2열)시공시 교통장애를 유발하지 않는 시공법을 제시하고 시공시 유의사항을 설명하시오.(지반은 사질토이고 지하수위가 높음)
5	터널	86	3	대도시 도심부 지하를 관통하는 고심도 지하도로 시공 중 도시시설물 안전에 미치는 영향요인들을 열거하고 시공시 유의사항을 설명하시오.
6	터널	87	2	기존 지하철노선 하부를 관통하는 신설 터널공사를 계획시 기존노선과 신설터널 사이의지반이 풍화잔적토이며 두께가 약 10m일 때 신설터널공사를 위한 시공대책에 대하여 설명하시오.
7	터널	87	3	터널공사에서 록볼트(Rock Bolt)의 종류와 정착방식에 따른 작용효과에 대하여 설명하시오.
8	터널	87	4	NATM 터널의 막장 관찰과 일상계측 방법을 기술하고 시공시 고려사항에 대하여 설명하시오.
9	터널	87	4	발파진동이 구조물에 미치는 영향을 기술하고 진동영향 평가방법을 설명하시오.
10	터널	88	2	심발(심빼기) 발파의 종류와 지반 진동의 크기를 지배하는 요소에 대해 설명하시오.
11	터널	88	3	터널2차 라이닝 콘크리트 균열발생원인과 그 방지대책을 설명하시오.
12	터널	88	4	기존 터널에 근접되는 구조물의 시공시 기존 터널에 예상되는 문제점과 대책을 설명하시오.

NO	과목	회수	교시	출제문제[공법]
13	터널	89	3	터널 공사 중 터널내부에 설치되는 계측기의 종류 및 측정방법에 대하여 기술하시오.
14	터널	89	4	터널의 장대화에 따른 방재시설의 중요성이 강조되고 있다. 장대 도로터널의 방재시설 계획 시 고려하여야할 사항과 필요시설의 종류 및 특징에 대하여 기술하시오.
15	터널	89	4	건식 및 습식 숏크리트(Shotcrete)의 시공방법과 시공상의 친환경적인 개선안에 대하여 기술하시오.
16	터널	90	2	NATM터널 시공시 지보재의 종류와 그 역할을 설명하시오.
17	터널	91	3	Shield TBM : 쉴드터널 시공시 뒷채움 주입방식의 종류 및 특징에 대하여 설명하시오.
18	터널	92	2	숏크리트(Shotcrete) 공법의 종류를 열거하고, 리바운드(Rebound) 저감대책
19	터널	92	3	환기방식 : 터널 공사중 발생하는 유해가스, 분진 등을 고려한 환기계획 및 환기방식의 종류
20	터널	92	4	터널의 지하수 처리형식에서 배수형터널과 비배수형터널의 특징을 비교 설명
21	터널	92	4	발파시공 현장에서 발파진동에 의한 인근 구조물에 피해가 발생하였다. 구조물에 미치는 영향에 대한조사방법을 열거하고 시공시 유의사항
22	터널	93	2	터널붕괴 형태+원인+대책 : NATM 터널 시공시 1) 굴착 직후 무지보 상태, 2) 1차 지보재(Shotcrete) 타설 후, 3) 콘크리트라이닝 타설 후의 각 시공단계별 붕괴형태를 설명하고, 터널 붕괴원인 및 대책
23	터널	93	3	노면복공 : 혼잡한 도심지를 통과하는 도시철도의 노면 복공계획 시 조사사항과 검토사항
24	터널	93	4	침매터널 : 터널 침매공법에서 기초공의 조성과 침매함의 침매방법 및 접합방법

NO	과목	회수	교시	출제문제[공법]
25	터널	93	4	Shield : 쉴드터널 굴착시 초기굴진 단계의 공정을 거쳐 본굴진 계획을 검토해야 되는데 초기 굴진시 시공순서, 시공방법 및 유의사항
26	터널	94	2	터널지표침하 : 토피가 낮은 터널을 시공할 때 발생되는 지표침하 현상과 침하저감대책
27	터널	94	3	대심도 Tunnel검토 : 최근 수도권 대심도 고속철도나 도로건설에 대한 관련 사업들이 계획되고 있다. 귀하가 도심지 대심도터널을 계획하고자 한다면 사전검토사항과 적절한 공법
28	터널	95	2	터널 천단부와 막장면의 안정 보조공법의 종류와 특징
29	터널	96	4	NATM에 의한 터널공사시 배수처리방안
30	터널	96	4	연약층이 깊은 도심지에서 쉴드(Shield)공법에 의한 터널공사 중 누수가 발생하는 취약부를 열거하고 원인 및 보강공법
31	터널	97	2	실드(Shield) 공법으로 뚫은 전역통신구의 누수원인을 취약 부위별로 분류하고 누수 대책을 설명
32	터널	97	3	장대 도로터널의 시공계획과 유지관리 계획
33	터널	97	4	지하철 정거장에서 2아치터널의 시공시 문제점과 대책
34	터널	98	3	산악지역 및 도심지를 관통하는 장대터널 및 대단면 터널 건설시의 터널시공계획과 시공시 고려사항
35	터널	98	4	쉴드(Shield)공법에 의한 터널공사시 발생 가능한 지표면 침하의 종류를 열거하고 침하 종류별 침하의 방지대책
36	터널	99	2	Shield Tunnel 시공시 발진 및 도달 갱구부에 지반보강을 시행한다. 이때 1) 갱구부 지반의 보강목적 2) 갱구부 지반 보강 범위 3) 보강공법
37	터널	99	3	Tunnel 갱구부 시공시 대부분 비탈면이 발생되는데, 비탈면의 붕괴를 방지하기 위하여 지반조건을 고려한 적절한 대책을 수립하여야 한다. 이때 1) 갱구부 비탈면의 기울기 산정 2) 비탈면 안정대책 공법 및 선정시 고려사항

NO	과목	회수	교시	출제문제[공법]
38	터널	99	4	도심지 부근 고속철도의 장대 Tunnel 시공시 공사기간 단축, 경제성, 민원 등을 고려한 수직갱(작업구)의 굴착공법과 방법
39	터널	100	3	터널공사 중 저토피 구간에서 붕괴사고가 발생하였다. 저토피 구간에 적용할 수 있는 터널보강공법
40	터널	100	4	도로터널공사에서 갱문의 형식별 특징과 위치 선정시 고려할 사항 설명
41	터널	101	2	도로터널의 환기방식을 분류하고 그 특징과 환기불량 시 터널에 발생되는 문제점을 설명하시오.
42	터널	101	2	NATM 터널공사의 계측항목 중 A계측과 B계측의 차이점과 계측기의 배치시 고려해야 할 사항을 설명하시오.
43	터널	101	2	석재를 대량으로 생산하기 위해 계단식 발파공법을 적용하고자 한다. 공법의 특징과 고려사항에 대하여 설명하시오.
44	터널	101	3	터널의 숏크리트 강도특성 중에서 압축강도 이외에 평가하는 방법과 숏크리트 뿜어붙이기 성능을 결정하는 요소를 설명하시오.
45	터널	101	4	터널 콘크리트 라이닝 시공 시 계획단계 및 시공단계에서 고려해야 할 균열제어 방안을 설명하시오.

CHAPTER 09

교량

Bridge

NO	과목	회수	교시	출제문제[용어]
1	교량	86	1	IPC거더(Incrementally Prestressed Concrete Girder) 교량 가설공법
2	교량	86	1	교량의 내진과 면진 설계
3	교량	87	1	LB(Lattice Bar) Deck
4	교량	87	1	교량의 교면방수
5	교량	87	1	소수 주형(girder) 교
6	교량	88	1	FCM(Free Cantilever Method)
7	교량	89	1	하이브리드(Hybrid) 중로아치교
8	교량	90	1	TMC(Thermo-Mechanical Control)강
9	교량	90	1	일체식교대교량(Integral Abutment Bridge)
10	교량	91	1	Air Spinning
11	교량	91	1	하천의 교량 경간장
12	교량	92	1	풍동실험
13	교량	92	1	SCF(Self Climbing Form)
14	교량	94	1	사장교와 현수교의 특징 비교
15	교량	96	1	강선 긴장순서와 순서 결정이유
16	교량	96	1	부체교(Floating Bridge)
17	교량	96	1	PCT(Prestressed Composite Truss) 거더교
18	교량	96	1	사장교와 엑스트라도즈드(Extradosed)교의 구조 특성
19	교량	97	1	현수교의 지중정착식 앵커리지(Anchorage)
20	교량	97	1	교량받침의 손상 원인

NO	과목	회수	교시	출제문제[용어]
21	교량	98	1	홈(Groove)용접에 대한 설명과 그림에서의 용접기호 설명
22	교량	98	1	PSC거더(Girder)의 현장 제작장 선정요건
23	교량	101	1	현수교의 무강성 가설공법(Non-stiffness Erection Method)

NO	과목	회수	교시	출제문제[공법]
1	교량	86	2	큰 하천을 횡단하는 교량시공시 기상조건을 고려한 방재대책과 이에 따른 공정계획 수립상 유의사항을 설명하시오.
2	교량	87	3	세굴에 의한 교량기초의 파손 및 유실이 종종 발생하고 있다. 교량기초의 세굴 예측기법과 방지공법에 대해 설명하시오.
3	교량	87	3	Cable 교량 중 Extradosed 교의 시공과 주형 가설에 대하여 기술하시오.
4	교량	87	4	강교 현장이음의 종류 및 시공시 유의사항을 설명하시오.
5	교량	88	4	콘크리트 소교량의 상부공 가설공법 중에서 프리플렉스(Preflex)공법과 Precom(Prestressed Composite)공법을 비교 설명하시오.
6	교량	89	2	강재용접의 결함 종류 및 대책에 대하여 기술하시오.
7	교량	89	4	프리스트레스트 콘크리트 박스거더(Prestressed Concrete Box Girder)로 교량의 상부공을 가설하고자 한다. 가설공법의 종류, 시공방법 및 특징에 대하여 간략히 기술하시오.
8	교량	90	2	기설구조물에 인접하여 교량기초를 시공할 경우 기설구조물의 안전과 기능에 미치는 영향 및 대책을 설명하시오.
9	교량	90	2	강교의 가조립 목적과 가조립 방식을 설명하시오.
10	교량	90	3	강합성 거더교의 철근콘크리트 바닥판 타설 계획시의 유의사항과 타설 순서를 설명하시오.
11	교량	91	3	PSC 장지간 교량의 캠버 확보방안과 처짐의 장기거동을 설명하시오.
12	교량	91	4	사장교와 현수교의 시공시 중요한 관리 사항을 설명하시오.
13	교량	92	2	MSS+FCM+FSM : 콘크리트 교량의 상판 가설(架設)공법 중 현장타설 콘크리트에 의한공법의 종류를 열거하고 설명
14	교량	92	4	강재부식의 문제점+방지대책

NO	과목	회수	교시	출제문제[공법]
15	교량	93	3	수중교각건설 : 수중 교각공사에서 시공관리시 관리할 항목별 내용과 관리시의 유의사항
16	교량	93	3	ILM : 연장이 긴(L=1,500m정도) 장대 교량의 상부공을 한 방향에서 연속압출공법(ILM) 으로 시공할 때, 시공시 유의사항
17	교량	93	3	거푸집+동바리 : 경간장 15m, 높이 12m 인 콘크리트 라멘교의 시공계획서 작성시 필요한 내용
18	교량	93	4	해상콘크리트 타설장비 : 해상 콘크리트타설에 사용되는 장비의 종류를 들고 환경오염방지 대책
19	교량	94	2	사장교+현기초공법 : 최근 수심이 20m 이상인 비교적 유속이 빠른 해상에 사장교나 현수교와 같은 특수교량
20	교량	94	3	교량유지관리 : 교량 상부구조물의 시공 중 및 준공 후 유지관리를 위한 계측관리시스템의 구성 및 운영방안
21	교량	94	4	교량내진보강방법 : 최근 지진발생 증가에 따라 기존 교량의 피해발생이 예상된다. 기존에 사용 중인 교량에 대한 내진 보강방안
22	교량	95	3	강교 가설공사시 검토사항
23	교량	96	3	장대 해상 교량 상부 가설공법 중 대블럭 가설공법의 특징 및 시공시 유의사항
24	교량	96	4	교량공사에서 슬래브(Slab) 거푸집 제거 후 균열 등의 결함이 발생되어 보수공사를 하고자 한다. 사용보수재료의 체적변화를 유발하는 영향인자들을 열거하고 적합성 검토방법
25	교량	97	2	교량의 신축이음 설치시 요구조건과 누수시험 설명
26	교량	97	3	공장에서 제작된 30~50m 길이의 대형 PSC 거더를 운반하여 도심지에서 교량을 가설하고자 한다. 이때 필요한 운반통로 확보방안과 운반 및 가설 장비 운영시 고려사항
27	교량	98	2	강교시공에 있어 현장용접시 발생하는 용접결함의 종류를 열거하고 그 결함의 원인 및 방지 대책

NO	과목	회수	교시	출제문제[공법]
28	교량	98	3	교량용 신축이음 장치의 형식 선정 및 시공시 고려 사항
29	교량	98	4	교량 시공시 동바리 공법(FSM : Full Staging Method))의 종류를 열거하고 각 공법의 특징에 대하여 설명
30	교량	99	2	교량구조물 상부슬래브 시공을 위해 동바리 받침으로 설계되어 있을때 동바리 시공전 조치사항
31	교량	99	3	하이브리드(Hybrid) 중로 Arch 교의 특징 및 시공시 주의사항
32	교량	99	3	기존 교량의 내진성능 향상을 위한 보강공법
33	교량	99	4	콘크리트교의 가설공법 중 현장타설 콘크리트공법을 열거하고 이동식비계공법(Movable Scaffolding System, MSS) 설명
34	교량	100	2	강재거더로 구성된 사교(Skew Bridge)가설시 거더처짐으로 인한 변형의 처리공법
35	교량	100	3	강상자형교의 상부 거더 가설에 추진코(Launching Nose)에 의한 송출공법을 적용할 때 발생가능한 문제점 및 대책
36	교량	101	2	일체식과 반일체식 교대에 대하여 설명하시오
37	교량	101	3	공용중인 슬래브교의 차로 확장 시 슬래브 및 교대의 확장방안에 대해 설명하시오

CHAPTER 10

가물막이

Water Retaining Structure

Professional Engineer Civil Engineering Execution

NO	과목	회수	교시	출제문제[용어]
1	가물막이	87	1	Cell 공법에 의한 가물막이

CHAPTER 11

댐
Dam

NO	과목	회수	교시	출제문제[용어]
1	댐	85	1	콘크리트 표면차수벽댐 (CFRD)
2	댐	86	1	지수벽
3	댐	92	1	필댐(Fill Dam)의 수압파쇄현상 : 수압파쇄
4	댐	95	1	블랭킷 그라우팅(Blanket Grouting)
5	댐	98	1	확장레이어공법(ELCM : Extended Layer Construction Method)
6	댐	99	1	검사랑(檢査廊, Check Hole, Inspection Gallery)
7	댐	101	1	댐의 프린스(Plinth)

NO	과목	회수	교시	출제문제[공법]
1	댐	85	3	댐공사에서 가체절 및 유수전환 공법의 종류와 특징을 설명하시오.
2	댐	86	4	콘크리트 표면차수벽형 석괴댐(Concrete Face Rockfill Dam: CFRD)의 각 죤별 기초 및 그라우팅 방법에 대하여 설명하시오
3	댐	88	2	블록 방식에 의한 콘크리트 중력식 댐 시공에서 콘크리트 이음과 시공시 유의사항을 설명하시오.
4	댐	88	4	콘크리트댐 공사에 필요한 골재 제조 설비 및 콘크리트 관련 설비에 대해서 설명하시오.
5	댐	89	2	댐(Dam) 본체 축조 전에 행하는 사전(事前)공사로써 유수전환 방식 및 특징에 대하여 기술하시오.
6	댐	91	2	필댐의 내부 침식, 파이핑 매커니즘 및 시공시 주의사항을 설명하시오.
7	댐	91	4	RCCD+콘크리트포장+콘크리트댐 : 빈배합 콘크리트의 품질 용도에 대하여 설명하시오.
8	댐	94	3	Fill Dam축조시 댐거동 : 성토 댐(Embankment Dam)의 축조기간 중에 발생되는 댐의 거동
9	댐	96	3	흙댐의 누수 원인과 방지대책
10	댐	97	4	록필 댐(Rockfill Dam)의 시공계획 수립시 고려할 사항을 각 계획단계별로 설명
11	댐	98	3	필댐(Fill Dam)의 매설계측기
12	댐	98	4	표면차수형 석괴댐과 코어형 필댐의 특징과 시공 시 유의사항을 설명
13	댐	99	3	콘크리트 중력식 댐의 이음부(Joint)에 발생 가능한 누수의 원인과 누수에 대한 보수방안
14	댐	100	3	중심 점토코어(Clay Core)형 록필댐(Rock Fill Dam)의 코어죤 시공방법
15	댐	101	4	하천 공사 중 홍수방어 및 조절대책에 대하여 설명하시오.

CHAPTER 12

하천
River

NO	과목	회수	교시	출제문제[용어]
1	하천	86	1	지수벽
2	하천	86	1	하천 생태(환경) 호안
3	하천	88	1	하천의 고정보 및 가동보
4	하천	91	1	계획홍수량에 따른 여유고 : 이론과실제 상권 1620＋1624
5	하천	93	1	설계강우강도
6	하천	97	1	하천의 역행 침식(두부침식)
7	하천	98	1	하천공사에서 지층별 수리특성파악을 위한 조사내용
8	하천	100	1	중첩보(A)와 합성보(B)의 역학적 차이점
9	하천	101	1	침윤세굴(Seepage Erosion)
10	하천	101	1	제방의 측단
11	하천	101	1	호안구조의 종류 및 특징

NO	과목	회수	교시	출제문제[공법]
1	하천	85	2	하천 호안의 역할 및 시공시 유의사항을 설명하시오.
2	하천	86	3	하천제방 제내지측에 누수징후가 예견되었다. 누수원인과 방지대책을 설명하시오.
3	하천	87	2	하천제방의 종류와 시공시 유의사항을 설명하시오.
4	하천	88	2	하천제방에서 부위별 누수 방지대책과 차수공법에 대하여 설명하시오.
5	하천	90	3	하천개수 계획시 중점적으로 고려할 사항과 개수공사의 효과를 설명하시오.
6	하천	91	3	하천공사시 제방의 재료 및 다짐에 대하여 설명하시오.
7	하천	91	4	제방의 파괴원인 : 하천공사에서 제방을 파괴시키는 누수, 비탈면 활동, 침하에 대하여 설명하시오.
8	하천	92	2	보 : 하천공사에 설치하는 기능별 보의 종류를 열거하고, 시공시 유의사항
9	하천	96	3	다기능보의 상·하류 수위조건 및 지반의 수리특성을 고려한 기초지반의 차수공법
10	하천	97	2	하상유지시설의 설치 목적과 시공시 고려사항
11	하천	97	4	하천제방에서 식생블록으로 호안보호공을 할 때 안전성검토에 필요한 사항과 시공시 주의 사항
12	하천	98	2	하천에서 보(Weir)설치를 위한 조건과 + 유의사항
13	하천	98	4	하천제방축조 시 재료의 구비조건과 제체의 안정성 평가 방법을 설명
14	하천	99	2	하천 호안의 종류와 구조에 대해 설명하고 제방 시공
15	하천	99	4	하천의 보 하부의 하상세굴의 원인과 대책

CHAPTER 13

항만
Harbor

NO	과목	회수	교시	출제문제[용어]
1	항만	87	1	부잔교
2	항만	89	1	유보율(항만공사시)
3	항만	91	1	약최고고조위(A.H.H.W.L)
4	항만	94	1	준설토 재활용 방안
5	항만	99	1	케이슨 안벽

NO	과목	회수	교시	출제문제[공법]
1	항만	85	2	항만공사에서 사상(砂床)진수법에 의한 케이슨 거치방법 및 시공 시 유의사항을 설명하시오.
2	항만	85	4	준설선을 토질조건에 따라 선정하고 각 준설선의 특징을 설명하시오.
3	항만	86	4	대단위 산업단지 성토를 육상토취장 토사와 해상준설토로 매립하고자 한다. 육·해상구분하여 성토재의 채취, 운반, 다짐에 필요한 장비조합을 설명하시오.(성토물량과 공기 등은 가정하여 계획할 것)
4	항만	87	2	항만시설물 중 피복공사에 대하여 기술하고 시공시 유의사항을 설명하시오.
5	항만	88	3	매립호안 사석제의 파이핑(Piping) 현상에 대한 방지대책공법을 설명하시오.
6	항만	89	3	서해안 지역의 항만접안시설에서 적용 가능한 케이슨 진수공법 및 시공 시 유의사항에 대하여 설명하시오.
7	항만	90	2	준설공사를 위한 사전조사와 시공방식을 기술하고 시공시 유의사항을 설명하시오.
8	항만	93	2	준설투기 문제점 : 매립공사에 사용되는 해양준설투기방법에 있어서 예상되는 문제점 및 대책
9	항만	94	3	준설선 : 대규모 국가하천 정비공사에서 사용하는 준설선의 종류와 특징
10	항만	94	4	강관항타시 시공계획 : 항만공사에서 잔교구조물 축조시 대구경($\Phi 600$) 강관파일(사항 포함)타입에 관한 시공계획서 작성 및 중점착안사항
11	항만	95	3	해상 매립공사 시공계획
12	항만	96	2	하도의 굴착 및 준설공법
13	항만	97	3	항만시설에서 호안의 배치시 검토 사항과 시공시 유의 사항

NO	과목	회수	교시	출제문제[공법]
14	항만	100	2	케이슨식(Caisson Type)안벽의 시공방법
15	항만	100	3	항만구조물 기초공사에서 사석 고르기 기계 시공방법을 분류하고 시공시 품질관리와 기성고 관리에 대해 설명
16	항만	101	3	항만구조물에서 방파제의 종류 및 특징과 시공 시 유의사항에 대하여 설명하시오.
17	항만	101	4	항만공사의 호안축조 시에 사석 강제치환공법을 적용할 때 공법의 특징 및 시공 중 유의사항에 대하여 설명하시오.

CHAPTER 14

사면안정

Slope Stability

NO	과목	회수	교시	출제문제[용어]
1	사면안정	89	1	피암터널
2	사면안정	92	1	쏘일네일링(Soil Nailing)
3	사면안정	96	1	토석류(Debris Flow)
4	사면안정	96	1	Land Slide 와 Land Creep
5	사면안정	99	1	산성암반 배수(Acid Rock Drainage)
6	사면안정	99	1	토사지반에서의 앵커의 정착길이

NO	과목	회수	교시	출제문제[공법]
1	사면안정	86	4	사면보강공사 중 Soil Nailing공법에 사용되는 수평배수관과 간격재(스페이셔 : Spacer)의 기능과 역할에 대하여 설명하시오.
2	사면안정	86	4	건설공사의 사면 절취에서 관련지침 및 부서 협의시 환경훼손의 최소화 차원에서 최대 절취높이를 점차 줄여나가고 있다. 이에 절취 사면의 안정과 유지관리에 유리한 환경 친화적인조치방법을 설명하시오.
3	사면안정	87	2	대절토사면의 시공시 붕괴원인과 파괴형태를 기술하고 방지대책에 대하여 설명하시오.
4	사면안정	88	4	땅깎기 비탈면에서 정밀안정검토가 요구되는 현장조건과 사면붕괴를 예방하기위한안정대책에 대하여 설명하시오.
5	사면안정	89	3	최근 집중호우 시 발생되는 토석류(Debris Flow) 산사태 피해의 원인 및 대책에 대하여 설명하시오.
6	사면안정	91	2	사면붕괴: 표준구배로 되어있는 사면이 붕괴될 시 이에 대한 원인 및 대책을 설명하시오.
7	사면안정	93	4	Earth Anchor : 흙막이 벽 지지구조형식 중 어스앵커(Earth Anchor) 공법에서어스앵커의 자유장과 정착장의 설계 및 시공시 유의 사항
8	사면안정	94	4	암사면 : 대절토암반사면 시공시 붕괴원인과 파괴유형을 구분하고 방지대책
9	사면안정	95	2	절취사면 소단을 설치하는 이유+사면을 정밀조사 사면안정분석을 해야 하는 경우
10	사면안정	95	3	집중 호우시 사면 붕괴의 원인+대책
11	사면안정	96	2	정착지지 방식에 의한 앵커(Anchor)공법을 열거하고 특징 및 적용범위
12	사면안정	96	2	자연 대사면깎기공사에서 빈번히 붕괴가 발생한다. 붕괴원인을 설계 및 시공 측면에서 구분하고 방지대책
13	사면안정	98	3	도로에서 암절개시 붕괴의 형태와+방지대책

NO	과목	회수	교시	출제문제[공법]
14	사면안정	99	3	Tunnel 갱구부 시공시 대부분 비탈면이 발생되는데, 비탈면의 붕괴를 방지하기 위하여 지반조건을 고려한 적절한 대책을 수립하여야 한다. 이때 1) 갱구부 비탈면의 기울기산정 2) 비탈면 안정대책 공법 및 선정시 고려사항
15	사면안정	100	3	어스앵커와 소일네일링공법의 특징과 시공시 유의사항을 설명
16	사면안정	101	3	토사 사면의 특징을 설명하고 최근 산사태의 붕괴원인 및 대책에 대하여 설명하시오.

CHAPTER 15

연약지반

Soft Ground Modification

NO	과목	회수	교시	출제문제[용어]
1	연약지반	87	1	폭파치환공법
2	연약지반	88	1	압성토 공법
3	연약지반	92	1	SCP(Sand Compaction Pile)
4	연약지반	93	1	심층혼합처리(Deep Chemical Mixing)공법 : DCM
5	연약지반	93	1	선재하(Pre-loading) 압밀공법
6	연약지반	98	1	연약지반에서 발생하는 공학적 문제

NO	과목	회수	교시	출제문제[공법]
1	연약지반	87	3	연약지반 처리공법 중 연직배수공법을 기술하고 시공시 유의사항을 설명하시오.
2	연약지반	89	2	연약지반개량공법인 PBD(Plastic Board Drain)공법의 시공 시 유의사항에 대하여 기술하시오.
3	연약지반	89	4	콘크리트 슬래브궤도로 설계된 고속철도 노선이 연약지반을 통과한다. 연약지반 심도별 대책 및 적용공법에 대하여 기술하시오.
4	연약지반	90	4	신설도로공사에서 연약지반 구간에 지하횡단 박스컬버트(Box Culvert) 설치시 검토사항과 시공시 유의사항을 설명하시오.
5	연약지반	91	2	연약지반처리 개량계획: 해안에 인접하여 연약지반을 통과하는 4차선 도로가 있다. 이 경우 연약지반처리를 위한 시공계획에 대하여 설명하시오.
6	연약지반	93	2	약액주입공법 종류 : 연약지반에서 고압분사주입공법의 종류와 특징
7	연약지반	93	4	연약지반 계측 : 압밀침하에 의해 연약지반을 개량하는 현장에서 시공관리를 위한 계측의 종류와 방법
8	연약지반	94	2	PBD: 연약지반 개량공법에 적용되는 연직배수재(PBD)의 통수능력과 통수능력에 영향을 미치는 요인
9	연약지반	96	4	연약지반 개량공법 중 표층개량공법의 분류방법과 공법적용시 고려사항
10	연약지반	97	2	연약지반상의 도로토공에서 발생하는 문제점과 그 대책을 쓰고 대책 공법 선정시의 유의사항
11	연약지반	98	2	연약한 이탄지반에 도로구조물을 축조하려할 때 적절한 지반개량공법시공시 예상되는 문제점과 + 기술적 대응방법
12	연약지반	99	2	연약지반상에 건설된 기존 도로를 동일한 높이로 확장할 경우 예상되는 문제점 및 대책

NO	과목	회수	교시	출제문제[공법]
13	연약지반	99	4	도로 건설현장에서 장기간에 걸쳐 우기가 지속될 경우 공사 연속성을 위하여 효과적으로 건설장비의 Trafficability를 유지하기 위한 방안
14	연약지반	100	2	수평지지력이 부족한 연약지반에 철근콘크리트 구조물 시공시 검토하여야 할 사항
15	연약지반	100	3	팩드래인(Pack Drain) 공법을 이용하여 연약지반을 개량할 때 예상되는 문제점과 대책
16	연약지반	101	2	연약지반에서 선행재하(Pre-loading)공법 시 유의사항과 효과 확인을 위한 관리사항을 설명하시오.
17	연약지반	101	4	항만공사의 호안축조 시에 사석 강제치환공법을 적용할 때 공법의 특징 및 시공중 유의사항에 대하여 설명하시오.

CHAPTER 16

토류벽

Earth Retaining Wall

NO	과목	회수	교시	출제문제[용어]
1	토류벽	86	1	지수벽
2	토류벽	91	1	Earth Anchor : 앵커체의 최소심도와 간격(토사지반)
3	토류벽	92	1	쏘일네일링(Soil Nailing)
4	토류벽	93	1	개착터널의 계측빈도
5	토류벽	93	1	히빙(Heaving) 현상
6	토류벽	96	1	토류벽의 아칭(Arching)현상
7	토류벽	99	1	토사지반에서의 앵커의 정착길이

NO	과목	회수	교시	출제문제[공법]
1	토류벽	86	3	대도시 도심부 지하를 관통하는 고심도 지하도로 시공 중 도시시설물 안전에 미치는 영향요인들을 열거하고 시공시 유의사항을 설명하시오.
2	토류벽	86	4	현장책임자로서 구조물의 직접기초 터파기공사를 계획할 때 현장여건별 적정 굴착공법을 개착식＋Island방식＋Trench방식으로 구분하여 설명하고 공법별 시공수순을 기술하시오.
3	토류벽	87	4	지하굴착을 위한 토류벽 공사시 발생하는 배면침하의 원인 및 대책을 설명하시오.
4	토류벽	88	3	흙막이 굴착 공사시의 계측 항목을 열거하고 위치 선정에 대한 고려사항을 설명하시오.
5	토류벽	88	3	모래섞인 자갈층과 전석층(N>40)이 두꺼운 지층구조(깊이20m)에서 기존 건물에 근접한 시트파일(Sheet pile) 토류벽을 시공하고자 한다. 연직토류벽체의 평면선형 변화가 많을 때 시트파일의 시공방법과 시공시 유의사항을 설명하시오
6	토류벽	89	3	흙막이 앵커를 지하수위 이하로 시공 시 예상되는 문제점과 시공 전(施工前)대책에 대하여 기술하시오.
7	토류벽	89	4	슬러리 월(Slurry Wall) 공법의 시공순서를 기술하고, 내적 및 외적안정에 대하여 설명하시오.
8	토류벽	90	2	기설구조물에 인접하여 교량기초를 시공할 경우 기설구조물의 안전과 기능에 미치는 영향 및 대책을 설명하시오.
9	토류벽	90	4	지반 굴착시 지하수위변동과 진동하중이 주변지반에 미치는 영향과 대책을 설명하시오.
10	토류벽	91	2	토류벽 지반침하 원인 : 도심지 근접시공에서 흙막이 공사시 굴착으로 인한 흙막이벽과 주변지반의 거동 원인 및 대책에 대하여 설명하시오.
11	토류벽	91	3	그라운드 앵커의 손상 종류 : 그라운드 앵커의 손상 유형과 유지관리 대책을 설명하시오.

NO	과목	회수	교시	출제문제[공법]
12	토류벽	92	2	토류벽계측 : 버팀보 가설공법으로 설계된 도심지 대심도 개착식 공법에서 계측의 종류를 열거하고, 특성 및 계측 시공관리방안
13	토류벽	92	3	도심지 터널공사 및 대심도 지하구조물 시공시 실시하는 약액주입공법에 대하여 종류별로 시공 및 환경관리 항목을 열거하고, 시공계획서 작성시 유의사항
14	토류벽	93	4	Earth Anchor : 흙막이 벽 지지구조형식 중 어스앵커(Earth Anchor) 공법에서 어스앵커의자유장과 정착장의 설계 및 시공시 유의사항
15	토류벽	94	4	Sheet Pile토류벽조사+문제점 : 연약한 점성토지반에 개착터널인 지하철을 건설하기 위하여 흙막이 가시설로 쉬트파일(Sheet Pile)공법을 채택하고자 한다. 이 공법을 적용하기 위한 사전조사 사항과 시공시 발생하는 문제점 및 방지대책
16	토류벽	95	4	지반 굴착시 지하수위 저하 및 진동이 주변에 미치는 영향과 대책
17	토류벽	98	2	기존 구조물과의 근접시공을 위한 트렌치(Trench)공법에 대하여 설명
18	토류벽	98	3	Open Cut : 기존구조물에 근접하여 가설 흙막이구조물을 설치하려한다. 지반굴착에 따른 변형원인과대책 및 + 토류벽 시공시 고려사항
19	토류벽	99	2	흙막이 가설벽체 시공시 차수 및 지반보강을 위한 그라우팅 공법을 채택할 때그라우팅 주입속도와 주입압력
20	토류벽	99	4	지반의 토질조건(사질토 및 점성토)에 따라 굴착저면의 안정 확보를 위한Sheet Pile 흙막이벽의 시공시 주의사항
21	토류벽	100	2	실트질모래를 3.0m 성토하여 연약지반을 개량한 지반에 굴착심도 6.0m정도 흙막이공사 시공시 고려사항과 주변지반의 영향을 설명

CHAPTER 17

옹벽
Earth Retaining Structure

Professional Engineer Civil Engineering Execution

NO	과목	회수	교시	출제문제[공법]
1	옹벽	85	2	침투수가 옹벽에 미치는 영향 및 배수대책을 설명하시오.
2	옹벽	86	2	기존옹벽 상단부분이 앞으로 기울어질 조짐이 예견되었다. 이에 대한 보강대책을 기술하시오.
3	옹벽	90	3	옹벽배면의 침투수가 옹벽의 안정에 미치는 영향을 기술하고 침투수처리를 위한 시공시 유의사항을 설명
4	옹벽	91	4	뒷부벽식 옹벽에서 벽체와 부벽의 주철근 배근 개략도를 그리고 설명하시오.
5	옹벽	92	3	보강토 옹벽에서 발생하는 균열의 원인을 열거하고 방지대책
6	옹벽	96	3	대단위 단지공사에서 보강토 옹벽을 시공하고자 한다. 보강토 옹벽의 안정성 검토 및 코너(Corner)부 시공 시 유의사항
7	옹벽	97	2	옹벽 뒤에 설치하는 배수시설의 종류를 쓰고 옹벽배면 배수제 설치에 따른 지하수의 유선망과 수압분포 관계를 설명

CHAPTER 18

공정관리
Progress Control

NO	과목	회수	교시	출제문제[용어]
1	공정관리	92	1	공정비용 통합시스템
2	공정관리	93	1	공정관리의 주요기능
3	공정관리	95	1	비용경사(Cost Slope)
4	공정관리	97	1	시공속도와 공사비의 관계

NO	과목	회수	교시	출제문제[공법]
1	공정관리	85	3	공기단축의 필요성과 최소비용을 고려한 공기단축기법을 설명하시오.
2	공정관리	88	3	마디도표방식(Precedence Diagram Method)에 의한 공정표의 특징 및 작성방법을 설명하시오.
3	공정관리	90	3	건설공사에서 일정관리의 필요성과 그 방법을 설명하시오.
4	공정관리	93	2	일정관리 : 공정네트워크(Net Work) 작성시 공사일정계획의 의의와 절차 및 방법
5	공정관리	95	2	공정관리의 기능과 공정관리 기법
6	공정관리	95	4	공사의 요소작업분류 목적+도로 공사의 개략적인 작업분류체계도(WBS : Work Breakdown Structure)

CHAPTER 19

상하수도
Water & Sewerage

NO	과목	회수	교시	출제문제[용어]
1	상하수도	87	1	Siphon
2	상하수도	95	1	용존공기부상(DAF : Dissolved Air Flotation)

NO	과목	회수	교시	출제문제[공법]
1	상하수도	86	3	주요간선도로를 횡단하는 송수관로(직경2m, 2열)시공시 교통장애를 유발하지 않는 시공법을 제시하고 시공시 유의사항을 설명하시오.(지반은 사질토이고 지하수위가 높음)
2	상하수도	87	4	상하수도 시설물(주위 배관 포함)의 누수를 방지할 수 있는 방안과 시공시 유의사항을 설명하시오.
3	상하수도	89	2	하수관거공사를 시행함에 있어서 수밀시험(Leakage Test)에 대하여 기술하시오.
4	상하수도	90	2	하수관로의 기초공법과 시공시 유의사항을 설명하시오.
5	상하수도	91	4	도심지 지하 흙막이 공사에서 굴착구간 내 (1) 상수도, (2) 하수도 및 하수BOX, (3) 도시가스, (4) 전력 및 통신 등의 주요 지하매설물들이 산재되어 있다.상기 4종류의 매설물들에 대한 굴착시 보호계획과 복구시 복구계획에 대하여 설명하시오.
6	상하수도	95	2	우수 저류방법과 활용 방안
7	상하수도	95	4	하수관 불명수(不明水)가 많이 유입 + 이에 대한 문제점과 대책 및 침입수 경로 조사시험방법
8	상하수도	98	2	하폭이 300m인 하천에 대형 광역상수도관을 횡단시키고자 한다. 관매설시(품질관리 및 유지관리를 고려한) 시공시 유의사항
9	상하수도	98	4	관거(하수관, 맨홀, 연결관 등)의 시공 중 또는 시공 후 시공의 적정성 및 수밀성을 조사하기 위한 관거의 검사방법
10	상하수도	100	2	상·하수도관 등의 장기간 사용으로 인한 성능저하를 개선하기 위해 세관 및 갱생공사를 시행하고자 한다. 이에 대한 공법 및 대책
11	상하수도	100	4	도심지의 지하 하수관거 공사에 추진공법을 적용할 때 발생하는 주요 문제점 및 대책
12	상하수도	100	4	하수관의 종류별 특성 및 관의 기초공법에 대하여 설명

류재복교수 유튜브 강의
▶ YouTube 류재복 TV ▼

류재복교수 네이버 카페
NAVER 류재복의 토목시공기술사 ▼

기술사 최강

류 재 복 교수

예상문제 + 열강

유튜브 강의

합격을

보장합니다

쎄게 + 도전 + 합시다 !

기술사

초대형 + 강사
류재복교수의

최강 + 신화는
계속된다

기술사 자격증 소지자는
+
10년 세월 앞서간다

토목시공기술사 + 초심자 주의할 점

1. 현장 경험이 부족하신 분의 경우
   (1) 특히 강사선택이 대단히 중요
   (2) 학원 강사선택 방법
   - 정통 토목공학전공자인지 확인한다.
   - 현장실무경험이 있는 강사인지 확인한다.

2. 강사 선택이 중요한 이유
   (1) 기술사 강의는 누구나 할 수 있는 게 아니다.
   (2) 강사가 멀래래한 경우 틀린 내용을 말해도 초심자는 알 수 없다는 게 문제이다.
   (3) 현장 경험 없는 강사가 공법+공법용어문제를 제대로 강의한다는 게 거의 불가능하다.

3. 2차 면접에서 1차 합격자의 50~60%는 6회 계속 낙방함
   (1) 6회 계속 낙방 이유
   - 암기위주로 공부한다.
   - 1차 공부할 때 날라리로 공부한다.
   - 엄청나게 → 까다롭게 질문한다.
   (2) 1차에서 많이 선발하고 2차에서 소양없는 사람 찾아서 낙방시킨다.

4. 강사선택+학원선택 한번 잘못하면 거의 5~10년 고생+대부분 포기한다.

【최강은 + 하나다】

류재복교수 유튜브 강의 — YouTube 류재복 TV

류재복교수 네이버 카페 — NAVER 류재복의 토목시공기술사

▶ 저자약력
- 토목시공기술사, 토질및기초기술사
- 성균관대학교 이공대학 토목공학과 졸업
- 서울 시립대 대학원 토질 및 기초 석사
- 현대건설(주) 대청댐 현장 근무
- 극동건설(주) 해외토목 견적부 근무
- 극동건설(주) 리야드 사우디아라비아 대사관 단지 조성공사 현장근무
  (하수처리장, 정수장, 취수탑, 상하수도공사)
- 극동건설(주) 리야드 사우디아라비아 쥬베일 단지 조성공사 현장근무(상하수도공사)
- 극동건설(주) 리야드 사우디아라비아 국제공항(KFIA) 하부시설공사 현장근무
  (정수장, 하수처리장 공사)
- 극동건설(주) 리야드 알라문 도로공사 현장 근무
- 광역상수도 4단계 취수 펌프장 및 송수관로 시설공사 현장근무
- 극동건설(주) 기술연구소 근무
- 성균관대학교 토목환경공학과 겸임교수
- 양지 ENG 부사장
- (주)도화엔지니어링

▶ 류재복 교수 연락처
1. HP. 010-5302-0149
2. 유튜브 강의 : 류재복 TV
2. 네이버 카페 : 류재복의 토목시공기술사

토목시공기술사 시사성(용어+공법) 문제 해설
약자암기법

발행일	2010. 1. 5 초판발행
	2013. 11. 30 개정 1판1쇄
	2024. 11. 20 개정 2판1쇄

저 자 | 류재복・홍영기
발행인 | 정용수
발행처 | 예문사

주 소 | 경기도 파주시 직지길 460(출판도시) 도서출판 예문사
T E L | 031) 955-0550
F A X | 031) 955-0660
등록번호 | 11-76호

- 이 책의 어느 부분도 저작권자나 발행인의 승인 없이 무단 복제하여 이용할 수 없습니다.
- 파본 및 낙장은 구입하신 서점에서 교환하여 드립니다.
- 예문사 홈페이지 http://www.yeamoonsa.com

정가 : 25,000원

ISBN 978-89-274-5598-1 93530